浙江省
钱塘江文化
研究会

ZHEJIANG QIANTANG RIVER
CULTURE RESEARCH
ASSOCIATION

宋韵文化丛书

陈荣高　朱子一／著

宋人家风传承

浙江工商大学出版社｜杭州

陈荣高

浙江省政协原秘书长，现为浙江省人民政府咨询委员会乡村振兴部部长、浙江省钱塘江文化研究会高级研究员、浙江大学客座教授、嘉兴南湖学院乡贤与家风研究院首席专家。曾出版《钱江探源》《清雅瓷魂》等多部专著。

朱子一

原媒体人，现为嘉兴南湖学院乡贤与家风研究院副院长、《家传》编辑部创始人。曾出版《去乡下盖间房子——情怀在逃跑，把酒乐逍遥》《阳坡泉下——面对大西北的乡愁》等个人著作。

总　序

胡　坚

　　宋代上承汉唐、下启明清，是中国古代文明最为辉煌的时期之一。宋代是中国历史上商品经济、文化教育、科技创新高度繁荣的时代。宋代崇尚思想自由，儒家学派百花齐放，出现程朱理学；科学技术发展取得划时代成就，中国的四大发明产生世界性影响，多领域出现科技革新；政治开明，对官僚的管理比较严格，没有出现严重的宦官专权和军阀割据，对外开放影响广远；经济繁荣，商品经济异常活跃，农业、手工业、商业等都取得长足进步；重视民生，民乱次数在中国历史上相对较少，规模也较小，百姓生活水平有较大提升，雅文化兴盛；城市化率比较高，人口增长迅速。

　　经济、社会的高度发达带来了文化的繁荣兴盛。兴于北宋、盛于南宋，绵延300多年的宋代文化，把中华文明推到前所未有的高度，为人类文明进步做出了不可磨灭的贡献。浙江的文化积淀极为深厚。作为中华文明史上的璀璨明珠，宋韵文化是浙江最厚重的历史遗存、最鲜明的人文标识之一。宋韵文化是两宋文化中具有文化创造价值和历史进步意义的哲学思想、人文精神、价值理念、道德规范的集大成者。什么是宋韵文化？宋韵文化不能简单地等同于宋代文化，而是从宋代文化中传承下来的，经过历史扬弃的，具有当代价值和独特风韵的文化现象，包括思想理念、精神气节、文学艺术、雅致生活、民俗风情等。具体来说，宋韵文化见之于学术思想的思辨之韵、文学艺术的审美之韵、发现发明的智识之韵、生产技术的匠心之韵、社会治理的秩序之韵、日常生活的器物之韵，集中反映了两宋时期卓越非凡的历史智慧、鼎盛辉煌的创新创造、意韵丰盈的志趣指归和开放包容的社会风貌，跳跃律动着中华民族一脉相承的精神追求、精神特质、精神脉络，是中华优秀传统文化的重要组成部分和具有中国气派、浙江辨识度的典型文化标识。

当前，我们对中华传统文化，要坚持古为今用、推陈出新，继承和弘扬其中的优秀成分。要建立具有中国特色、中国风格、中国气派的文明研究学科体系、学术体系、话语体系，为人类文明新形态实践提供有力的理论支撑。要以礼敬自豪、科学理性的态度保护和传承宋韵文化，辩证取舍、固本拓新，使其具有重大而深远的历史意义和时代价值。为此，浙江提出实施"宋韵文化传世工程"，形成宋韵文化挖掘、保护、研究、提升、传承的工作体系，高水平推进宋韵文化创造性转化、创新性发展，让千年宋韵在新时代"流动"起来、"传承"下去，形成展示"重要窗口"独特韵味、文化浙江建设成果的鲜明标识。

根据"宋韵文化传世工程"部署，浙江将围绕思想、制度、经济、社会、百姓生活、文学艺术、建筑、宗教等八大形态，系统研究宋韵文化的精神内核、文化内涵、地域特色、形态特征、历史意义、时代价值、传承创新，构建体系完整、门类齐全、研究深入、阐释权威的宋韵文化研究体系，推进宋韵文化文献资料的整理与研究，打造宋韵文化研究展示平台。深化宋韵大遗址考古发掘、保护、利用，构建宋韵文化遗址全域保护格局，让宋韵文化可知、可触、可感，为宋韵文化传承展示提供史实依据。推进宋韵重大遗址考古发掘，加强宋韵遗址综合保护，提升大遗址展示利用水平。以数字化手段赋能宋韵文化传承弘扬，全面构建宋韵文化数字化保护、管理、研究、展示、衍生体系，打造宋韵文化遗存立体化呈现系统，实现宋韵文化数字化再造，让千年宋韵在数字世界中"活"起来。加强宋韵文化数字化保护，打造数字宋韵活化展示场景，构筑宋韵数字服务衍生架构。坚持突出特色与融合发展相协调，围绕"深化、转化、活化、品牌化"的逻辑链条，深入挖掘宋韵文化元素，加强宋韵文化标识建设，打造系列宋韵文化标识，塑造以宋韵演艺、宋韵活动、宋韵文创等为支撑的"宋韵浙江"品牌，推动宋韵文化和品牌塑造的深度融合，提升宋韵文化辨识度，打造宋韵艺术精品、宋韵节庆品牌、宋韵文创品牌、宋韵文旅演艺品牌。深入挖掘、传承、弘扬宋韵文化基因，充分运用"文化＋"和"互联网＋"等创新形式，推进宋韵文化和旅游深度融合，进一步优化布局、完善结构、提升能级，把浙江建设成为国际知名的宋韵文化旅游目的地。优化宋韵文旅产业发展布局，建设高能级旅游景区集群，发展宋韵文旅惠民富民新模式。建设宋韵文化立体化传播渠道，构建宋韵文化系统化展示平台，完善宋韵文化国际化传播体系。统筹对内对外传播资源，深化全媒体融合传播，构建立体高效的传播网络，着力打造融通中外的新范畴、新表述，推动宋韵文化深入人心、走向世界，使浙江成为彰显宋韵文化、具有国内外影响力的展示窗口。

我们浙江省钱塘江文化研究会全体同人，积极响应浙江省委、省政府的号召，全身心投入宋韵文化的研究、转化和传播工作之中，撰写了许多论文和研究报告，广泛地深入浙江各地进行文化策划，推动宋韵文化提升城市品位，参与发展宋韵文化事业和文化产业，让宋韵文化全方位地融入百姓生活。

为了提升我们自己的思想水平和工作水平，同人们认真学习和研究宋韵文化，深入把握历史事件，精准挖掘历史故事，系统梳理思想脉络，着力研究相关课题，在此基础上，撰写了一系列通俗读物，以飨读者，为传播宋韵文化做出自己的贡献，于是就有了这套丛书。

这套丛书有以下几个特点：一是通俗性，以比较通俗的语言和明快的笔调撰写宋韵文化有关主题，切实增强丛书的可读性；二是准确性，以基本的宋韵史料为基础，力求比较准确地传达宋韵文化的内容；三是时代性，坚持古为今用，把宋韵文化与当下的现实应用紧密地结合起来，能够跳出宋韵看宋韵，让宋韵文化为当下的经济社会发展和百姓生活服务；四是实用性，丛书中有许多可以借鉴的思想理念和可供操作的方法途径，可以直接应用于文化事业和文化产业。

限于我们的研究深度与水平，丛书中一定有不少谬误，敬请读者批评指正。

2022 年 8 月 15 日

（作者系浙江省钱塘江文化研究会会长、浙江省宋韵文化研究传承中心专家咨询委员会召集人）

前言

　　家风是一个家庭的精神内核，也是一个社会的价值缩影。习近平总书记对家庭、家教和家风建设有许多重要论述。他强调指出，"中华民族历来重视家庭"，"家和万事兴等中华民族传统家庭美德，铭记在中国人的心灵中，融入中国人的血脉中，是支撑中华民族生生不息、薪火相传的重要精神力量，是家庭文明建设的宝贵精神财富"。"无论时代如何变化，无论经济社会如何发展，对一个社会来说，家庭的生活依托都不可替代，家庭的社会功能都不可替代，家庭的文明作用都不可替代。"这些谆谆教导为我们研究名人家风传承奠定了理论基础。

　　历史经验值得总结：中国传统社会特别重视家庭教育，将其视为伦理道德教育的起点，学校教育是家庭教育的延续，社会教育是家庭教育的扩展。这一教育体系成为维系中国传统社会稳定发展的重要因素。

　　早在尧舜时期，就提倡养老、教化、孝悌。《孟子·滕文公上》载："父子有亲、君臣有义、夫妇有别、长幼有序、朋友有信。"这"五伦"是任何一个社会、国家、民族、时代的人都必须面对的基本伦理关系。只有处理好这五种伦理关系，社会才能井然有序，国家才能和谐稳定。

宋朝时期，家庭教育经历了创新和发展，家风、家训、家规呈现出鲜明的时代特点。除了弘扬传承儒家文化中"修身、齐家、治国、平天下"的理念外，治生、制用、人道和惩罚也成为这个时期家风、家训的内容。其主要特点体现在三个方面。

一是家风、家训内容更切合实际、全面系统、注重可操作性。宋以前的家风、家训多是道德、伦理教育和理论说教，而宋以后的家风、家训更加注重实践指导，内容涉及修身做人、治家理财、治生制用、为官处世、教育子弟等，无所不包，极其详尽。在如何以礼治家方面，司马光的《家范》和《居家杂仪》受到一致推崇；在家庭收支管理方面，赵鼎、陆九韶的家庭理财计划和量入为出的消费观念最为切实；在治生方面，叶梦得的《石林治生家训要略》受到一致推崇；在家庭生活安排方面，袁采的《袁氏世范》最为详细，记述了修身、睦亲、为官、处世等内容，具有较强的操作性和指导性。

二是"治生"和"制用"成为家风、家训内容的组成部分。宋朝以前的家训基本不涉及理财和谋生，因为儒家文化的价值取向是重义轻利，统治者推行重农抑商的政策。然而，宋朝的商品经济空前繁荣，提高商人社会地位的力量日益增强。特别是南宋时期，叶适、陈亮提出了"义利双行"的观念，既是对宋朝商品经济高度发展的回应，也是对传统价值观念的有力挑战。

三是以惩罚来辅助教化的家法、家规开始出现。宋朝时期，传统礼仪的松动和商品经济的空前繁荣都对当时的社会风气产生了极大的影响，人们开始摆脱封建礼仪的束缚，追名逐利，不再完全严守等级秩序。商人的地位也得到了显著提高，不再被视为"杂类"。宋朝"取士不问门第"就说明了这一点。在商品经济大潮的冲击下，金钱的魔力日益增大。为了追逐金钱，一些官僚士大夫开始抛开身份、地位，投身商业活动。

宋朝时，只靠血缘和亲情来"敬宗收族"越来越难以起到维护封建统治的作用，于是带有惩罚性质并具有法律色彩的家规、族训逐渐兴起。在宋朝以前，对子弟的教化主要是以劝说为主，但人们已经认识到了惩罚的重要性。唐朝的《江州陈氏义门家法》是最早以惩罚来辅助教育的例子，但当时仅在家族内部实施，对社会的影响不大。到了宋时，范仲淹初定及其后人续订的《义庄规矩》中开始出现经济处罚的规定："诸房闻有不肖子弟，因犯私罪听赎者，罚本名月米一年，再犯者除籍，永不支米。"然而，惩罚措施最多、对社会影响最大的家训是司马光的《居家杂仪》，其中详细规定了家庭成员的职责和违规行为应受到的惩罚："凡子妇，未敬未孝，不可遽有憎疾，姑教之。若不可教，然后怒之；若不可怒，然后笞之；屡笞而终不改，子放妇出。"又如《颜氏家训》在谈到教育方法时就认为"笞怒废于家，则竖子之过立见""父严而子知所畏，则不敢为非"。但是它远没有宋朝家训中的惩罚措施那么具体和详细。宋以后直到明清，惩罚措施更加严厉，惩罚的频率也增加了。

然而，相对于惩罚措施，宋朝时期的家训仍以教育为主导。绝大多数家长在教育子女时都晓之以理、动之以情，而惩罚只是辅助教育的手段。比如袁采的家训在教育的思想和方法上注重民主意识、讲求科学方法。他强调个性的差异，认为"性不可以强合"，主张父子间的沟通和交流，以及站在对方的立场上思考问题。他在子弟交友问题上也主张实践教育，让子弟在实践中学会明辨是非。陆游的家训总是给人以民主、平等的印象。在家训中，他与儿子们共同劳动和读书，以良师益友的身份对待儿子，体现了浓浓的亲情。即使是主张惩罚的司马光，也强调先教育再惩罚，将惩罚作为辅助教育的手段。

宋朝以后，随着理学思想的渗透和君主专制的强化，家训中的惩罚性措施越来越多。一些族训和族规明确规定家族成员什么行为可以、什么行为不可以，并列出了对违反规定者的惩罚类型。这些具有家法性质的家规、族训一方面约束了家庭内部成员的行为，维护了家庭内部秩序的稳定；另一方面，其与封建王法融于一体，成为朝廷治理国家的手段之一。

中国传统文化博大精深，主要有儒、释、道三家。儒家思想的核心是孔孟之道，是传统文化的主干。孔子是儒家的创始人，史称"至圣"。孟子是儒家思想的继承与发展者，史称"亚圣"。儒家经典包括"四书五经"等。释家指的是佛陀文化，即佛教文化，起源于古印度，"佛"是"智慧、觉悟"的意思。其创始人是释迦牟尼。道家指的是老庄之学，其创始人是老子，道家的核心思想是"道法自然"。儒、释、道三家都强调以人为本、以和为贵，核心价值观包括仁爱、友爱、互助和大同。

儒家文化特别强调"修身、齐家、治国、平天下"。这就是说，只有把自身修炼好，才能把家管理好，而只有把家管理好了，才能治理国家，乃至实现天下太平。当然，"齐家"中的"家"，并非指狭隘的小家庭，而是指一个家族。只有当一个家族的事务得到妥善处理时，一个人才能成为国家的栋梁之材。那么，一个人怎样才能成为家族中受大家尊重的人？这需要具备声望，能帮助他人修身、立德、养望。换言之，就是成为一个有头有脸的人。然而，一个人要做到有头有脸并不容易，必须拥有高尚的道德品质，才会被人敬重，从而赢得声望。无论是在大家族还是在小家族，这一点都是如此。

俗话说，家和万事兴。然而，营造一个稳定、和谐、幸福的家庭，是需要智慧和能力的。家有家规，既然加入了这个家庭，就要照这个家庭的家风、家训去做人做事，不可以随意违背家风、家训。家庭成员和睦相处，同心协力，家道才能兴隆。熟悉《易经》的人都知道，其中有一个卦叫作家人卦。家人卦的上卦是风，下卦是火，象征风火家人。风刮得越猛，火就越旺，这意味着家和万事兴。

《易经》将宇宙看成一个大家庭，这与中华文化是密切相关的。中国人是相当重视家庭的，至今，这种观念仍然没有改变，这也是中华文化能够传承并且持续发展的主要原因之一。在阴阳八卦中，天卦象征父，地卦象征母。其他的六个卦由天卦和地卦衍生而出，他们共同构成一个大家庭。在这个大家庭中，父母教子有方，儿女孝道为先，相敬相爱，幸福美满。父传子，子传孙，代代相传，实属不易。

"三岁看大，七岁看老。"这句话说的是从小就要养成好的习惯，一个人德行的成长从小就开始了，因而家庭教育具有重要性。笔者读了《论语》，觉得孔子真是了不起。"吾十有五而志于学"，点出了人十五岁时应该明确自己要朝哪个方面发展学习，不能犹豫不决。"三十而立"，经过十五年的摸索，大概就可以总结出自己这辈子的几条原则，要选择并坚持正确的道路。"四十而不惑"，表示再历经十年的跌打滚爬与磨炼成长，对自己人生的原则不再动摇。"五十而知天命"，人活到五十岁时，回头一看，会发现自己的成长和命运都是自己努力的结果，就知道不怨天、不尤人，明白命运是自己造就的。"六十而耳顺"，为什么要耳顺呢？因为这个时候会碰到很多根本不了解你的人，他们会对你指手画脚，你听也不是，不听也不是，那怎么办？耳顺。你可以选择听，也可以选择不听，不必做任何辩解，要乐以忘忧，把所有的忧愁都当作乐趣来看待。"七十而从心所欲，不逾矩"，人要服老，不要认老，生理年龄是谁都逃不过的，但精神不倒，夕阳更好！

《宋人家风传承》体现了历史性、传承性、人文性和通俗性等特点。全书筛选宋代十大家族名人作为研究对象，从他们的家庭背景、治家理念、教育方法、成长规律和社会影响等方面，论述家风、家训、家规的重要性。钱镠的"祖武是绳，清芬世守"意指祖上的优良传统和家风要代代相传，发扬光大，世代遵守清白高洁的美德。范仲淹的"先忧后乐，济世情怀"不仅成为传统思想文化中的瑰宝，更是激励后世文人志士将为天下人谋福利作为远大追求。苏轼的"非义不取，卓尔可风"展现了家族成员的精神风貌和道德品质，他乐观豁达、仁心爱民、刚正不阿的人格魅力，璀璨如当空皓月，光照千秋。郑义门"十世同居，凡二百四十余年，一钱尺帛无敢私"，郑氏家族以清廉家风著称于世，被朱元璋称为"江南第一家"。四明史氏"崇学孝亲，知人善用"，凸显了四明史氏家族崇尚学问，诗书起家，学脉不辍，重视后代教育；在人格修养上讲求道德，在识人用人上有独到之见。王十朋"植德积善，廉孝传家"，他从小受祖父与父亲言传身教，其家风之精华体现在《家政集》中，他认为这是修身治家的法则，以保证君子之德能够流芳百世而不会消逝。陆游"位卑未敢忘忧国"是他爱国主义思想的集中体现。这是一种伟大的情感，一种对国家、对民族的深沉热爱，它不仅是个人的情感表达，更是一种责任和使命。吕祖谦"直言纳谏，振家兴邦"，他行事为官处处以礼为准绳，敢于直言进谏，以耿介、静默、清廉、知人善任为特征，对其后代影响深远。陈亮始终坚持"君子周而不比"的为人、为学准则，不流于世俗而震古烁今，亦为陈氏后辈乃至天下奋发有为的学子指出一条坚持己"道"而经世致用之路。叶适"务实而天地宽，务虚则空无益"，家风在他内心松土扎根，加上陈傅良、薛季宣、陈亮等良师益友的启发，使他更加坚定地传承和弘扬"务实不务虚"的家风。

目录

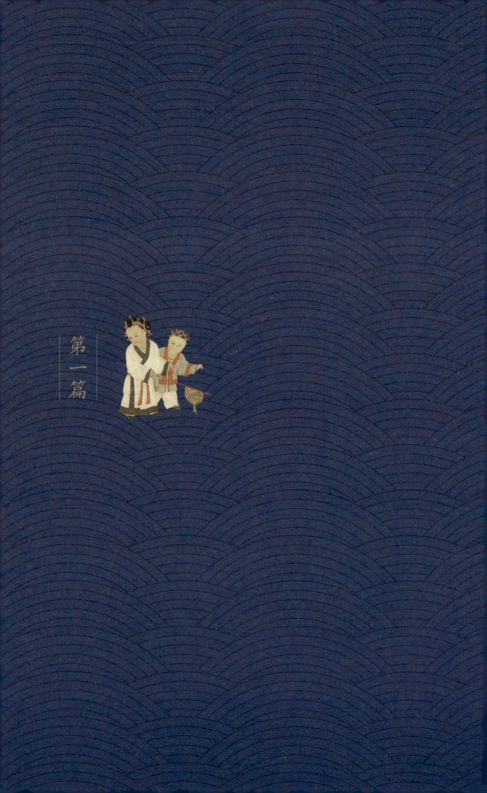

第一篇

钱镠

祖武是绳，清芬世守

吴越王钱镠（852—932）出身平民，唐末数次建立军功，累迁至镇海军节度使、镇东军节度使，还被朝廷赐予"定乱安国功臣"的封号，得到御赐的丹书铁券。后来，钱镠管辖浙东、浙西及闽南一带，势力范围甚广，并在后梁开平元年（907）建立了吴越国，定都杭州。

钱镠深知"以民为本"的道理。在位期间，他坚持保境安民的政策、兴修水利、鼓励农耕，使得百姓免于战乱，安居乐业，域内五谷丰登，江南一带成为极为富庶的地区。两浙百姓都称他为"海龙王"。

从钱王祠、六和塔到钱王射潮传说，杭州的诸多历史文化都有着钱镠的印记，宋代词人柳永笔下"烟柳画桥，风帘翠幕，参差十万人家"的繁华美景少不了钱镠的功劳。民族英雄文天祥称赞他："武足以安民定乱，文足以佐理经邦。"除了政治、军事的贡献之外，钱镠还为世人留下了一样珍宝：临安钱氏"祖武是绳，清芬世守"的清白家风。

"祖武是绳，清芬世守"，意指祖上的优良传统和家风，要代代相传，发扬光大，世代遵守清白芬芳的美德。钱镠建立

图1-1   钱王祠（韩馨儿   供图）

吴越国，连续三代均为王族，治国有方，在治家方面也颇有成就。钱氏家族兴起于五代，繁荣于宋，书香绵延，人才辈出。宋朝皇帝称"忠孝盛大唯钱氏一族"，清乾隆帝也感佩其家族教子有道，在南巡时御赐"清芬世守"匾额。到了近现代，钱氏家族更是人才"井喷"，新文化运动的先驱者钱玄同、中国航天之父钱学森、博闻强识的钱锺书……这些名字如雷贯耳的"大咖"均出自钱氏家族。

古人云："道德传家，十代以上；耕读传家次之；诗书传家又次之；富贵传家，不过三代。"钱氏家族历经多朝多代而长盛不衰，大大得益于"祖武是绳，清芬世守"的清白家风。

钱镠注重文化教育，治家有方，作为临安钱氏的"始祖"，他订立《武肃王八训》《武肃王遗训》，并代代相传。临安钱氏"祖武是绳，清芬世守"的清白家风正是由钱镠开创并发扬光大的，是钱氏家族人才辈出的传家宝。"祖武是绳，清芬世守"是一种对前人智慧的继承，更是对做人尺规的遵守和对清芬品格的坚持。一代又一代的钱氏后人遵循祖规，家风世代清白，直到现当代还留有遗风。

一、"祖武是绳，清芬世守"家风之形成

1. 钱镠治家

钱镠是五代十国时期人，他家境贫寒，父亲钱宽只是唐朝末年杭州的普通百姓。尽管如此，他也没有埋怨自己的家庭，从不屈服于命运，心胸宽广，孝亲爱子。哪怕父亲曾经嫌弃他，他也不生怨恨，而是孝敬长辈，听取父辈的意见。

钱镠有一个小名，叫"婆留"，这个名字的来历可不普通。据说在钱镠出生的时候，父亲钱宽不在家，邻居急忙跑去告诉他："我刚刚路过你家后院，听见很大的兵甲战马的声音。"钱宽飞快地赶回家，这时候钱镠已经出生，屋子里满是红光。钱宽认为钱镠是个怪胎，很不喜欢他，想将他扔进井里，而钱镠的祖母怜惜他，认为他绝非常人，要求留下他，钱镠才得以

平安长大。在当地方言里，"婆"是对祖母的称呼，因此，钱镠的小名就叫"婆留"，那口井后来被命名为"婆留井"。尽管经历了生死一线的危险，钱镠却没有对父亲心生怨恨。相反，他长大以后不仅事亲极孝，而且虚心接受父亲的教诲，尊重父亲。

《旧五代史》记载，钱镠在功成名就之后，衣锦还乡，在故乡临安兴建了十分壮观华丽的房屋，让人艳羡。不仅如此，他每逢还乡，车马雄列，万人跟随，前呼后拥，场面气派极了。这样的排场，钱镠是高兴满意了，但他的父亲好像不太开心。通常来说，儿子有出息了，父亲都会觉得很有面子。钱镠的父亲钱宽却与众不同，他每每听说钱镠回来了，都会赶紧跑开，躲避钱镠。这是怎么回事呢？钱镠丈二和尚摸不着头脑，于是专门步行去拜访父亲，询问其中的原因。钱宽对钱镠说出了心中的忧虑：原来，钱镠家世世代代以耕田捕鱼为生，从来没有这样富贵显达过，如今钱镠为两浙十三州之主，三面受敌，与人争利，钱宽害怕会祸及自家，所以不见钱镠。钱镠听了之后，佩服父亲的智慧与眼界，不禁哭着叩拜父亲。从此以后，他更加谦虚谨慎地行事，不再那么张扬，力求保住自己的基业。

在治家方面，钱镠尊敬父亲，为后人树立榜样，而且兄弟和睦，夫妻恩爱，教子有方，把整个大家庭管理得井井有条，长幼有序。钱镠的小弟弟叫钱铧，当时兵荒马乱，钱镠悉心抚养他长大，呵护备至。钱铧长大后成为一名画家，还精通音律。可以说，没有钱镠，就没有弟弟钱铧的幸福生活。

钱镠虽然出身卑微，但与庄穆夫人吴氏情爱甚笃，胜过后代无数才子佳人。每到春天，夫人就会回临安的娘家。夫妻分

图1-2　钱王像（韩馨儿　供图）

别，钱镠十分想念她，常常写信给她。这一年，春色将阑，夫人却迟迟没有归家。钱镠触景生情，思念缠绕在心，于是执笔寄出锦书一封，信中写道："陌上花开，可缓缓归矣。"意思是，田间小路的花已经开放，我想你可以一边赏花，一边慢慢地回来了。钱镠用浪漫的文字书写出对夫人内敛沉稳的爱。纵使诸多文人能够写出绮丽的诗句，也难以赶上这句朴素自然且具有清丽之美的话。

后来，吴地的百姓将这句话改编成民歌，直到宋代苏轼在杭州任职的时候还广为流传。苏轼本来就崇拜将杭州打造成人间天堂的钱镠，听了民歌后，更是感慨万千，据此创作了三首题为"陌上花"的绝句。

钱镠对夫人的爱让他在历史上留下了温情的一笔，对子女的教导则使钱氏家族累世繁荣，他成为教子有方的典范。中国国家博物馆珍藏着据说是当今世上仅存的一块"免死金牌"——钱镠铁券，上面写着："……卿恕九死，子孙三死。或犯常刑，有司不得加责……"也就是说，这块免死金牌不仅能免除主人的九次死罪，还能福荫其子孙，即使触犯国法，也不会被问责。这块免死金牌的主人便是钱镠。

钱镠在唐末立下卓越战功，得到御赐的丹书铁券，为子孙谋福利，但他一点也没有"膨胀"，也不允许子女飘飘然，他对子女谆谆教诲，让他们认清时务，居安思危。钱镠生前常说："民为社稷之本。民为贵，社稷次之，免动干戈即所以爱民也。"他在遗训里也教导子女必须"心存忠孝，爱兵恤民"。可以说，这是钱氏家族保持繁荣的头号"秘法"。更为特别的是，钱镠屡次规诫子孙，"要度德量力而识时务，如遇真主，宜速归附"，他始终尊崇中原，希望百姓免受战乱之苦。对钱氏家族而言，真正的"免死金牌"并非冷冰冰的"钱镠铁券"，而是钱镠留下的勤政爱民、宽容仁爱的家训。这才是保佑他们安享太平、受益无穷的秘诀。

钱镠不仅继承前人智慧，孝亲爱子，建立了一个有制度、遵祖训的大家庭，在治家方面让后人悟得"祖武是绳"的道理，而且对做人的尺规有着严格的要求。屈原在《离骚》中写"背绳墨以追曲兮，竞周容以为度"，表达自己对正直法度的追求。钱镠也是这样，有着较强的自律能力，遵守法度。

《资治通鉴》记载，钱镠从年少开始便长期生活在军中，养成了时刻保持警惕的习惯。他夜里很少睡觉，困极了就枕在一种圆木做的小枕上，当睡熟了，头就会从枕上滑下，自己就会立刻清醒。钱镠将其命名为"警枕"。钱镠还在卧室里放了一个粉盘，如果有什么事情想记下来，就写在粉盘里。一直到老，钱镠都保持着这样的习惯。

对于治国治军的法度，钱镠都会严格遵守，有着极强的"法规"意识。据说有一天，钱镠微服出行，到了夜里，他回到宫殿，叩响了北城门。这下出现了他没有预料到的事情：守门的小吏怎么都不愿意放开关卡让他进去，还说"即使是大王来了，我也不会开门的"。钱镠没办法，只好从其他门入城。这个小吏的口气可真大！一般来说，被小吏"冒犯"，当权者都会很生气，甚至可能对其施以惩罚。钱镠却不一样，他对守门小吏严守法度的品格大加赞赏，第二天就将他召到宫里，给予了丰厚的赏赐。

钱镠严守尺规的事情不止这一件。钱镠宠妾郑氏的父亲犯了死罪，钱镠的左右大臣都为他求情。钱镠刚正不阿，表示不能因为郑氏乱了自己定下的法度。于是，他休掉了郑氏，按法度惩治了她的父亲。钱镠不徇私枉法、遵守法度的精神深深地影响着钱氏后人。

清白芬芳的品格像一阵清风，吹走了战争与贫穷的阴霾。尽管家境贫寒，不受宠爱，钱镠仍志存高远，一直努力地提升自己，也十分自律，居安思危，为后人树立了良好的榜样。他自幼学武，擅长射箭，骁勇绝伦，还懂得图谶、纬书。二十多岁时，钱镠应募投军，追随董昌平定叛乱，开始了他的戎马生涯。他镇压王仙芝，外拒黄巢，消灭董昌，创下了赫赫声名。他平定两浙，"满堂花醉三千客，一剑霜寒十四州"，五十多岁时建立吴越国，定都杭州。成就一番功业后，钱镠想到的不是自身的享受，不是压榨百姓获得财富，而是采取"保境安民"的政策，凿井治水，重视农桑，修建海堤，疏通河道，让百姓安居乐业。诗人赵抃曾写道：

时维五纪乱何如？史册闲观亦皱眉。
是地却逢钱节度，民间无事看花嬉！

五代十国时期，狼烟四起，民不聊生，而在钱镠庇护下的吴越国百姓可以过着赏花嬉游的幸福生活，真是令人感慨！这与钱镠两袖清风、清白高洁的美好品格是分不开的。

作为临安钱氏繁荣家世的奠基人，钱镠留下的富贵基业虽然在历史的长河中渐渐消散，但他孝亲、治家、修身、治国的智慧却代代相传，钱镠开创的"祖武是绳，清芬世守"的家风绵延不断，成为钱氏家族经久不衰的秘宝。

2. 钱氏家规

一个家族有代代相传的家风，那这个家族必然有保证家风被流传的家规。这就像花木的生长离不开园丁的修剪。在临安钱氏"祖武是绳，清芬世守"的清白家风传承中，钱氏家规的确立与钱氏族人的遵守起着很重要的作用。

钱氏家规由《武肃王八训》《武肃王遗训》和《钱氏家训》三个部分组成。《武肃王八训》是武肃王钱镠于乾化二年（912）正月亲自订立的。《武肃王八训》以晋代以来大家族的衰亡为例，以史为鉴，"上承祖祢之泽，下广子孙之传"，体现了尽管有"钱镠铁券"这张免死牌，钱镠还是对子孙有严格的家教要求。钱镠十分重视家规的建设，辞世前又做了《武肃王遗训》晓谕子孙。《武肃王遗训》饱含智慧，如在治国上"要尔等心存忠孝，爱兵恤民"，在治家上"吾立名之后，在子孙绍续家风，宣明礼教，此长享富贵之法也。倘有子孙不忠、不孝、不仁、不义，便是坏我家风，须当鸣鼓而攻"。"祖武是绳，清芬世守"，临安钱氏的后人严格遵守钱镠的教诲，这为钱氏家族从宋代起成功实现从政治家族向文化家族的转型奠定了良好的基础。他们借助五代十国时期作为地方第一家族的积累，实现了这一转变。

半白半文的《钱氏家训》是清末举人钱文选采辑整理的，与《武肃王八训》《武肃王遗训》一起收录在《钱氏家乘》中。《钱氏家训》是一部饱含修身处世智慧的治家宝典，是五代十国时期吴越国国王钱镠留给子孙的精神遗产。民国十三年（1924），武肃王钱镠三十二代孙、安徽广德人钱文选纂修《钱氏家乘》，根据先祖武肃王的"八训"和"遗训"，总结归纳了钱氏家训。

钱氏家训以儒家"修身、齐家、治国、平天下"的道德理想为依据，内容涵盖个人、家庭、社会和国家四个方面，对子孙立身处世、持家治业的思想和行为做了全面的规范和教诲。千百年来，钱氏族人始终以家训为行为准则，践行着"利在一身勿谋也，利在天下者必谋之"的训言。

钱氏家规思想植根深厚，内涵博大精深，是对临安钱氏"祖武是绳，清芬世守"清白家风淋漓尽致的诠释与呈现，是钱氏家族的珍贵历史遗产，也是钱氏家族人才辈出的传家宝。2021年，"钱氏家训家教"被列入第五批国家级非物质文化遗产代表性项目名录，成为第一个国家级家训"非遗"项目，展现了家风、家训在当代的重大文化意义。

图1-3　钱氏家训中有关家庭的部分内容（韩馨儿　供图）

二、"祖武是绳，清芬世守"家风之传承

1. 钱镠之子钱元瓘

所谓"创业易，守业难"，古代有多少帝王将相生前何其耀眼，开创辉煌功业，却因为不争气的子孙使得整个家族"一夜回到解放前"。相对而言，钱镠挑选的接班人钱元瓘（887—941）可以说是一个好儿子了。在战乱时期，他与钱镠是"上阵父子兵"。在钱镠耳濡目染的教导下，他将"祖武是绳，清芬世守"的家风内化在自己的行动之中，即位后也是一位合格的守成之君。

吴越文穆王钱元瓘是钱镠的第七个儿子，也是吴越国的第二位国君。他和父亲钱镠一样，不是一个在安稳和幸福的"蜂蜜罐"里长大的孩子，早年的生活跌宕起伏，有类似"质子"的生活经历。好在他继承了父亲百折不挠的顽强精神，终于守得云开见月明。

唐天复二年（902），许再思等人作乱，勾结宣州节度使田頵。钱镠打败许再思之后要和田頵讲和，田頵要和钱镠结盟，结盟就必然需要一定的姻亲关系。钱镠把所有的儿子都叫过来问道："你们谁能为了我去做田家的女婿？"其他的儿子都露出为难的神色，而当时的钱元瓘年仅十五岁，他勇敢地上前表示自己愿意听从父亲的吩咐。于是钱元瓘便前往宣州成亲。说是成亲，实际上就是做质子，要忍受寄人篱下、担惊受怕的痛苦。

钱元瓘在宣州为质期间，钱镠与田頵出人意料地闹翻了，

田頵背叛了杨行密，杨行密联合钱镠攻打田頵。原来的盟友成了战场上的敌人，田頵每次打仗失败，都会归罪于钱镠的儿子钱元璀，并拿他出气，还好田頵的母亲时常保护钱元璀。后来，田頵在一次出战前表示，如果这次不能取胜，一定要杀了钱元璀泄愤。这次是到了生死存亡的时刻，钱元璀的性命危在旦夕。万幸的是，田頵这次没有回来，当天被乱兵所杀，田老夫人把钱元璀送回了杭州，钱元璀得以化险为夷，回到亲人的身边。

钱元璀如此年少就愿意为父分忧，离乡为质，遇到再大的困难也坚持了下来，这份孝心和胆识令人佩服，他继承了父亲钱镠身上所具有的美德与精神，体现了临安钱氏"祖武是绳，清芬世守"家风在这一代的传承与发扬。

从宣州回来后，钱元璀未曾享受安逸，而是锐意进取，在战场的刀光剑影中磨炼自己。他承制累迁检校尚书左仆射、内牙将指挥使，在讨伐叛乱、抗击贼寇中取得了卓越战功。在大举伐吴时，钱镠任命钱元璀为水战诸军都指挥使。钱元璀足智多谋，在吴人以舟师迎敌时，他想到了一个好办法。他在筏子上点火，顺着风扬起烟尘，以至于大白天就像雾天一样，为自家军队提供掩护。吴人的军队迷失了方向，战败被擒，只得向钱镠示好。钱元璀也因为这大功一件得以擢升。他在作战中展现出的胆识与智慧，可谓与钱镠一脉相传。

当年事已高的钱镠为自己挑选接班人的时候，他表示要立功劳最多的儿子为继承人，钱元璀的哥哥们都一致推选钱元璀。钱镠病重后，召集文武百官，官员们也都表示将爱戴钱元璀，并尽心辅佐他。于是，钱镠就将钱元璀立为吴越国的第二位国君。

事实证明，这个选择是正确的。钱元瓘善于安抚将领，崇尚儒学，友爱兄弟，敬遵钱镠的遗命，守住了吴越国。他在父亲刚刚去世且大局不稳时对兄弟毫不设防，同帷行丧，无所猜忌，展现了淡泊富贵名利、坦然处世的美德，继承了钱氏家族的这份"清芬"；他遵从父亲遗命去掉国家的典仪，而使用藩镇法制；免除民田荒芜无收者的租税，沿着父亲的足迹一步一步成长为一位明君，传承了临安钱氏"祖武是绳"的家风。

2. 钱镠之孙钱佐

钱佐（928—947），原名钱弘佐，是钱元瓘的第六个儿子，吴越国的第三位国君。钱元瓘因宫中失火突发恶疾后，寻思钱佐太过年幼，本欲择选宗室之中年长者为君。素有忠厚果断之名的章德安表示，众臣都佩服钱佐的英明机敏，请钱元瓘不要担心。钱元瓘这才放心地传位于钱佐，并让章德安辅佐他。

钱佐即位时只有十三岁，幼主无力，权臣当政，国家遇到了问题。然而，钱佐向父亲与祖父看齐，一步一步地解决问题，为政清明，铲除奸佞。

从军出身的钱镠在家训中考虑深远，鼓励子孙读书学文，使钱氏家族成为书香门第。这个愿望在孙子钱佐的身上得以实现。《资治通鉴》记载，钱佐温良恭顺，爱好读书，礼贤下士，对待政务都是事必躬亲，揭露奸佞，因此，大臣们不敢胡作非为。好一位"翩翩公子"！

《旧五代史》记载，钱佐不仅爱读书，还会作五言诗、七言诗，文人士子常被他的风雅文采所折服，归心于他。还记得钱镠那句"陌上花开，可缓缓归矣"吗？看来，临安钱氏一族的骨子里充满了"文学细胞"。后来，钱氏族人并不以曾经的显贵身份而感到自豪，反而更加注重家族中文采风流的传承。这种文化内核，被传承下来，泽被后世。

钱佐为政清明，延续了前人"保境安民"的政策，是一位仁德之君。百姓中有人向钱佐进献嘉禾，钱佐询问仓吏粮食蓄积的状况，得知已有十年的蓄积，钱佐的第一反应就是为百姓减轻负担。他说，看来军队的粮食够了，可以让百姓生活得更加宽裕一些了。于是他命令免除境内三年赋税。

钱佐虽然在位时间短，且极为年轻，但还是尽自己最大的努力勤理政务，援救闽国，铲除权臣，传承前人的智慧和遗志，不辱临安钱氏的清芬美德。临安钱氏"祖武是绳，世守清芬"的清白家风对处境艰难的他是莫大的指导和激励。

3. 钱镠之孙钱俶

在杭州的西子湖畔，有这样一座古老的塔，每当夕阳西照，亭台金碧，塔影横空，倒映在粼粼的湖面上。如织的游人流连忘返，赞叹连连。人们熟悉《白蛇传》的传说，却不了解是谁建造了雷峰塔。实际上，雷峰塔的建造者就是吴越国的最后一任国君——钱镠的孙子钱俶。钱俶（929—988），原名钱弘俶，信奉佛教，为供奉佛螺髻发舍利、祈求国泰民安而建一塔，有七层，名黄妃塔，后因处雷峰山之上而得名雷峰塔。

除了雷峰塔外，六和塔、保俶塔也是钱俶所建，至今在江浙一带，还流传着他爱惜子民的故事。钱俶纳土归降于宋，其实是一位"亡国之君"，原本容易为人所不齿。但是，钱俶在民众心中却有着良好的形象，在史书的评价中，人们认为他无愧于内心，无愧于百姓，更无愧于历史，为历代所颂扬。这其中蕴含的是人民对他的爱戴和景仰。

为何身为亡国之君，钱俶还能在后世享有美名？临安钱氏作为亡国之族为何能在宋代保持繁荣？在《百家姓》中，"钱"又为何能成为排名第二的姓氏？这些都与钱俶秉承临安钱氏"祖武是绳，清芬世守"清白家风密切相关。

钱镠在临终前嘱咐子孙"要度德量力而识时务，如遇真主，宜速归附"，他的这一国策，左右着后来吴越国主的行事方向。钱俶以"祖武是绳"要求自己，继承祖辈事业的同时遵从祖辈遗训。作为吴越国的国君，他遵循先帝"尊奉中原，永不称帝"的祖训，不扩张，不参战，与民休息，奖励耕垦。在这一政策的指引下，他治下的吴越国免受战乱之苦，安宁富庶，在乱世中如世外桃源。据说，《百家姓》诞生在吴越国，也是因为"尊奉中原"的选择，将中原宋朝的国君"赵"姓放在第一位，甘心将"钱"姓居于第二。这小小的细节是经过充分考量的。

随着中原赵宋朝廷的兴起，钱俶拒绝了南唐的求援，协助宋出兵讨伐南唐，并遵循钱镠的遗训，对中原朝廷供奉不断，以保平安。最终，钱俶顺应时势"纳土归宋"，将吴越国十三州、一军、八十六县、五十余万户人口造册奉送给宋太宗赵光义，举国投降，实现了不动干戈的和平统一。然而，钱俶的主动投降并没有降低其在吴越国故民心中的威望，江浙地区的百姓一直惦记钱俶的功劳，正是钱俶放弃一姓尊荣，主动投降宋朝，才避免了江浙地区生灵涂炭，让百姓免受战争的荼毒，能够平安地活下去。

其实，进献前人的基业，成为"亡国之君"，甚至不能与国家共存亡，钱俶的心中也有悲伤与痛苦。他祭别钱镠的陵庙之时，不禁失声痛哭，几乎不能站立。但他毅然选择了牺牲钱氏的尊荣，坚守临安钱氏的"清芬"，将黎民百姓的安定与幸福放在第一位。钱俶留给了宋朝一个美丽、和平、繁华的江南，他传承并发扬了临安钱氏"祖武是绳，清芬世守"的清白家风，功不可没，受到世人的尊敬。

三、"祖武是绳，清芬世守"走进现代

临安钱氏"祖武是绳，清芬世守"的清白家风由钱镠开创，经过钱元瓘、钱俶等子孙的传承与发扬，一代一代流传至今，还形成了《钱氏家训》这一文化宝藏。历史的车轮滚滚向前，多少繁华都化为尘埃，而钱氏家族经久不衰，在近现代依然人才辈出，"祖武是绳，清芬世守"的精神不仅在家族内部代代传承，而且对整个社会家风、家学的建设起到积极作用，产生了良好的社会影响。

钱玄同、钱三强父子是吴越武肃王钱镠的后人。他们的身

上流淌着钱氏家族的血液。他们都是立场坚定的爱国者，是近现代著名的文化、科技先驱者。他们的行为诠释了"祖武是绳，清芬世守"的精神。

钱玄同（1887—1939）是新文化运动的倡导者，早年留学日本，回国后力图用西方的先进思想和文化改变当时闭塞落后的社会。他在《新青年》上声援胡适，提倡白话文，对封建主义进行犀利的抨击，是一名高举"民主"和"科学"大旗的勇士。

我国第一篇赫赫有名的白话文小说——鲁迅先生的《狂人日记》的诞生就与钱玄同有关。钱先生知道周氏兄弟颇有才华，常常邀请他们为《新青年》撰稿，唤醒"沉默"的人们。鲁迅却迟迟没有回应。钱玄同与他交流后，才知道鲁迅心中的苦闷：他认为当时的中国就像一间没有窗户、极难破毁的铁屋子，愚昧的人们在屋中昏睡至死，感觉不到悲哀，但假若宣扬的新文化唤醒了一部分民众，而这些人却对社会现状无能为力，这难道不是非常对不起他们吗？

钱玄同不同意这种看法，他表示，既然有几个人已经起身了，那么这个社会就不是极难毁坏的铁屋，重造一个新社会是有希望的。钱玄同乐观的言辞打动并激励了鲁迅，使他决心拿起笔为中国人民书写良方。不久之后，鲁迅抨击黑暗封建社会的白话文小说《狂人日记》如惊雷一般问世，从此他成了一名反抗旧礼教、抨击封建文化的猛将。这位文学巨人得以在世间闪闪发光，钱玄同功不可没。

与此同时，钱玄同在语言学方面也做出了卓越贡献。他曾倡议并参与拟制《国语罗马字拼音法式》，还抱病起草了《第一批简体字表》，为汉字注音、简化汉字的研究与发展奠定了一定的学术基础。周恩来总理在论及文字改革的历史时，对钱玄同及其工作成绩都给予了相当高的评价。有人曾评价他："如果没有钱玄同等人锲而不舍的追求，也许我们今天还无缘享用汉语拼音和标点符号的恩泽。" 正如钱氏家族家风所言的"祖武是绳"，钱玄同先生的一生是不懈追求、勇攀高峰的一生，就像他的祖先钱镠。

钱玄同坚守钱氏家族家风中的"清芬"，是一位具有爱国情怀的中华子孙。日军侵华后，赴日留学的他果断与日本人断绝交往，将国家大义放在第一位；即使因身体虚弱不得不留守被日寇侵占的北京，他也绝不屈服，他恢复了自己的旧名——钱夏，表示决不做敌伪的顺民。

钱玄同对真理的追求、对国家的忠诚深深地影响了他的儿子钱三强。钱三强（1913—1992）是中国著名的核物理学家，是"两弹一星功勋奖章"获得者。他从小就是一名"学霸"，在父亲的教导下先后就读于北京大学预科、清华大学物理系，后来赴法国深造，凭借自己的刻苦钻研升任法国国家科学研究中心研究员、研究导师，并获得法兰西荣誉军团军官勋章。

当时的他，可谓年少得志，无限风光，享受着优渥的研究工作条件和生活条件。但受"祖武是绳，清芬世守"家风熏陶的钱三强没有选择谋求安逸，而是遵循祖辈的教育，牢记家国的责任。在收到国内的邀请后，他毅然放弃了法国的安逸生活，漂洋过海，带着褴褓中的婴儿回到满目疮痍的故土，推动中国的原子能科学事业。他还利用自己的人脉向所有海外游子发出

图1-4 钱武肃王陵（韩馨儿 供图）

"全国建设立即要开始，请有志者共同来参加这伟大工作"的号召，为祖国的建设汇集人才。

钱三强为我国原子能科学事业的发展披肝沥胆，鞠躬尽瘁。1964年，五十一岁的钱三强参与研制的中国第一颗原子弹成功爆炸。这是我国国防事业的一个重要里程碑。钱三强的一生是追求真理、不懈学习的一生，也是爱国奉献、清白芬芳的一生。他为培养中国原子能科技队伍立下了不朽的功勋。他的身上集中体现了钱氏家族"祖武是绳，清芬世守"的精神与品格。

如今，临安钱氏"祖武是绳，清芬世守"的清白家风已经成为中华民族共同的精神财富，在当代中国生生不息地传播。

由钱氏家风总结而来的《钱氏家训》也成了著名的文化遗产。此外，很多钱氏后人至今依然保持着在祭祖、婚庆等重大家族活动时集体诵读的习惯。例如，浙江杭州钱王祠每年都会举行"元宵钱王祭"，来自全国各地的钱氏后裔和杭州市民齐聚于此，恭祭五代吴越国"三世五王"。宣读《钱氏家训》是杭州钱王祠"元宵钱王祭"的核心内容之一，这也是钱氏后裔历年祭祖活动的保留节目，至今已传承一千余年。

古人云，"修身、齐家、治国、平天下"，家风的建设对于社会的稳定、人才的培养有着重大的意义。临安钱氏"祖武是绳，清芬世守"的家风精神是一种对前人志向的传承，是一种对高尚品质的坚守，不仅在人生的重大抉择上具有指导意义，而且在家庭教育、个人成长等方面也起着积极作用，包括钱学森在内的钱氏名人也曾表示，从小接受的"崇文倡学、德才并重"式家庭教育对他们的成长产生了深远的影响。如今，我们在家风的培育上应当充分借鉴临安钱氏的智慧。

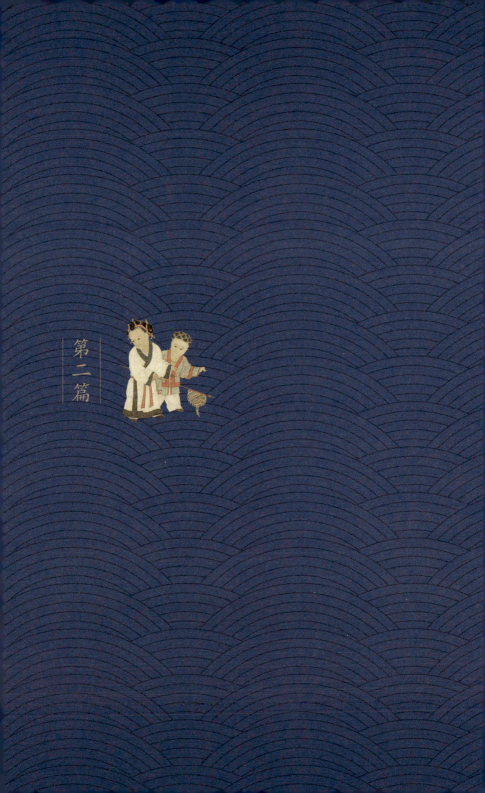

第
二
篇

范仲淹

先忧后乐，济世情怀

"先天下之忧而忧，后天下之乐而乐。"范仲淹（989—1052）在《岳阳楼记》中留下的这句话，不仅使他成为中国士大夫和读书人的精神标杆，更激励着后世文人志士为天下人谋福祉而奋斗不息。时过千载，他"先忧后乐"的济世情怀已成为传统思想文化中的瑰宝。

范仲淹，字希文，谥号文正，江苏吴县（今苏州市吴中区）人，北宋时期著名思想家、政治家、军事家、文学家和教育家。宋大中祥符八年（1015）进士，他为官几十载，几度沉浮，曾任陈州通判、苏州知州、陕西经略安抚招讨副使等职，仕途遍历朝中重臣和地方要员。他一生清廉守正，乐善好施，被称为"大忠伟节……前不愧于古人，后可师于来者"。

纵观中国历史长河，范仲淹光照千秋，几乎没有负面评价。同为宋朝人的王安石称范仲淹为"一世之师"，理学宗师朱熹盛赞其为"天地间第一流人物"，连《宋史》也毫不吝啬地夸赞其为"一代名世之臣"。可以说，"先忧后乐"的思想是范仲淹被文人志士推崇和受百姓爱戴的重要原因，其中蕴含着巨大的精神力量。

图2-1　位于桐庐的范仲淹纪念馆（桐庐县文联　供图）

　　范仲淹年少时便有大志，这和他的家风有着深刻的关系。范氏家族是一个源远流长、底蕴深厚的家族。正是如此优良的家风，养成了范仲淹清正忠直、宽恕仁爱的风骨品格。

　　范仲淹身为北宋名臣，刚正不阿，直言进谏，勇于承担保国安民的重任。他想要通过推行新政，整顿吏治，打破固有的阶级偏见与腐朽的思想枷锁，为百姓谋福利。无论是做人，还是做官，他都坚持不欺骗君主，不欺骗百姓，亦不欺骗自己的良心，一心为国分忧，为民办事。范仲淹的忧乐思想深植于家学，发扬于后世，成为一曲激励人心的济世长歌。

一、生于忧患，立志济世

端拱二年（989），范仲淹出生于今河北省正定县高平村。其父范墉时任成德军节度掌书记，博学而善文，因仰慕隋代大儒王通，便取其字"仲淹"为子命名。王通，世称文中子，《三字经》将他列为诸子百家的五子之一："五子者，有荀、扬，文中子，及老、庄。"可见，范墉对这个刚出生的孩子寄予厚望。

然而，这年腊月初八，范墉调任武宁军节度掌书记，却在还未上任时便与世长辞。此后，孤苦无依的谢氏便带着范仲淹独自生活，最终带着范仲淹改嫁时任澧州安乡县令的朱文翰，并将范仲淹改名为朱说（通"悦"）。

安乡位于洞庭湖畔，少年时的范仲淹便在此感受到了洞庭湖的浩瀚和壮阔。在朱文翰夫妇的教导下，他进入了读书启蒙的阶段。但好景不长，随着继父朱文翰几番调任，年方弱冠的范仲淹也随家迁居长山县河南村（今山东省邹平市长山镇范公村）。

景德元年（1004），大宋王朝发生了许多大事：邢州、瀛州接连地震；汴水决堤；江南东、西路饥荒；陕州、滨州、棣州出现了严重的蝗灾。不仅如此，宋朝在长达二十五年的宋辽战争中全面溃败，被迫与辽签订和约，每年送给辽岁币银十万两、绢二十万匹，史称"澶渊之盟"。这令无数宋朝文人士子痛心疾首，此时年仅十五岁的范仲淹暗下决心，要入仕途改变宋朝积贫积弱的局面。

　　未过多久，这个胸怀大志的少年却在无意中知晓了自己的身世。这对他而言，无疑是致命的打击。冲动之下，他想要离开朱家学习经商，自立门户，只是他并未忘记心中抱负，还是选择在朱文翰的帮助下前往长白山醴泉寺读书。

　　就这样，范仲淹开始了在长白山的读书生涯。范仲淹体谅家中诸多难处，不愿为家中增添负担。于是，他每天煮两升粟米粥，冷却后用刀切成四块，早晚各取两块为食，一日两餐。然后，将每天顺手拔的野菜切成碎末，加半杯醋和少许盐，烧熟拌粥，过着"划粥断齑"的清苦生活。范仲淹对此毫不在意，将所有精力都放在了读书上。

　　苦读三年，范仲淹偶感独学无友，曾两次外出游学，其诗《赠广宣大师》云：

　　　　忆昔同游紫阁云，别来三十二回春。
　　　　白头相见双林下，犹是清朝未退人。

　　该诗记录了他与广宣大师的交游经历。两年后，他又远赴长安游学半载。范仲淹在为王镐所写的《鄠郊友人王君墓表》中提道：

　　　　时祥符纪号之初载，某薄游至止，及公之门，因与君交执，复得二道士汝南周德宝、临海屈元应者，蚤暮过从。

在游学途中，范仲淹不但结识了隐士王镐、道士周德宝和屈元应等众多良师益友，而且见识了民间疾苦，更加坚定了自己救民于水火之中的信念。

少时家庭不幸，生活在社会底层，历经坎坷，饱受困苦，范仲淹更清楚地认识到底层百姓生活的真实情况，自称"出处穷困，忧思深远，民之疾苦，物之情伪，臣粗知之"，范仲淹的忧患意识即生发于此。

而在宋代，科举制度为贫寒子弟提供了向上竞争的机会。范仲淹也想要牢牢抓住这个机会，通过科举改变命运。于是，他毅然离开朱家，前往南京求学。在应天书院，范仲淹一心向学，刻苦勤奋，《范文正公年谱》载：

> 公处南都学舍，昼夜苦学，五年未尝解衣就枕。
> 夜或昏怠，辄以水沃面。往往饘粥不充，日昃始食。

范仲淹勤奋治学，熟读各类古籍，欧阳修撰写的《范公神道碑铭》云：

> 去之南都，入学舍，扫一室，昼夜讲诵。其起居饮食，
> 人所不堪，而公自刻益苦。居五年，大通六经之旨，
> 为文章论说，必本于仁义。

熟读各家经义的范仲淹，特别是在儒家学说的影响下，笃守孔孟之道，形成了自己的忧乐观，如他提出"当于六经之中，

专师圣人之意""远虑近忧，先圣之明训"等观点，充分体现了他对儒家经典的理解和对圣贤思想的追求。

学者求学立身，在青年读书时代即初步形成忧患意识的范仲淹自认为，"出处穷困，忧思深远"。他清贫自甘，清苦亦乐，并不在意生活的困苦与艰辛，亦不在意眼前的得失。在考中进士的前一年，时值二十五岁的范仲淹写下《睢阳学舍书怀》一诗，有"瓢思颜子心还乐，琴遇钟君恨即销。但使斯文天未丧，涧松何必怨山苗"之语，他以孔子、颜回自比，立志要像颜回那样，以刻苦学习为乐，不以贫穷为忧，而要为天下忧，道出了自己济世安民的政治理想。欧阳修也不免盛赞道："少有大节，于富贵贫贱、毁誉欢戚不一动其心，而慨然有志于天下。"这个在书院埋头苦读的"书呆子"，亦心怀天下，渴望在政治上一展宏图。

宋人吴曾《能改斋漫录》卷十三记载：

> 范文正公微时，尝诣灵祠求祷，曰："他时得位相乎？"不许。复祷之曰："不然，愿为良医。"亦不许。既而叹曰："夫不能利泽生民，非大丈夫平生之志。"他日，有人谓公曰："大丈夫之志于相，理则当然。良医之技，君何愿焉？无乃失于卑耶？"公曰："嗟乎，岂为是哉。古人有云：'常善救人，故无弃人；常善救物，故无弃物。'且大丈夫之于学也，固欲遇神圣之君，得行其道。思天下匹夫匹妇有不被其泽者，若己推而内之沟中。能及小大生民者，固唯相为然。既不可得矣，夫能行救人利物之心者，莫如良医。果

能为良医也，上以疗君亲之疾，下以救贫民之厄，中以保身长全。在下而能及小大生民者，舍夫良医，则未之有也。"

"不为良相，则为良医"的理想抱负，一如孟子"穷则独善其身，达则兼济天下"的谆谆教诲，成为后世众多文人士大夫的理想追求。在历经若干年的苦读之后，他终于凭借一己之力实现心中抱负，无论是居于庙堂之高，还是处于江湖之远，"先天下之忧而忧，后天下之乐而乐"的坚守未减半分。

二、进亦忧，退亦忧

以此观照范仲淹的一生，遇困境"则有去国怀乡，忧谗畏讥，满目萧然，感极而悲者矣"，遇顺境"则有心旷神怡，宠辱皆忘，把酒临风，其喜洋洋者矣"。他写下"不以物喜，不以己悲。居庙堂之高，则忧其民；处江湖之远，则忧其君。是进亦忧，退亦忧。然则何时而乐耶？其必曰'先天下之忧而忧，后天下之乐而乐'欤"，时时处处将忧国忧民的意识作为人生之根本。

1. 忧庙堂而持新政

天圣五年（1027），在丁母忧居丧期间，范仲淹仍心忧天下，

图2-2　范仲淹画像

写下近万字的《上执政书》，"此所以冒哀上书，言国家事，
不以一心之戚，而忘天下之忧。庶乎四海生灵，长见太平"，"未
始不欲安社稷，跻富寿，答先帝之知，致今上之美"，"安必
虑危，备则无患"，"深思远虑"，"以万灵为心，以万物为体，

思与天下同其安乐"。为此，苏轼评价说：

> 公在天圣中，居太夫人忧，则已有忧天下致太平
> 之意，故为万言书，以遗宰相，天下传诵。至用为将，
> 擢为执政，考其生平所为，无出此书者。

"忧"成为范仲淹身体力行的实践哲学，他一生都在为国家、百姓殚精竭虑，在忧中寻求自洽之乐。他的"乐"是乐道乐天的儒家道义的生动呈现，也是"孔颜乐处"的具体实践，更是一种"反身而诚"的超越之乐。这种"先忧后乐"的言行在当时深受人们的拥护，对后世也产生了深远影响。

大中祥符八年（1015）春，范仲淹高中进士，授官广德军司理参军，掌管讼狱勘鞫之事。在广德，范仲淹写下《次韵和刘夔判官对雪》，抒发自己的远大理想与抱负。范仲淹也因廉洁自守、两袖清风的作风得到了认可，升为集庆军节度推官。范仲淹相信，只要心怀苍生，为国为民，便可使百姓受益，即使身居高位，也未曾懈怠。

在宋代重文抑武的政治理念下，士人的社会政治地位得以提高，政治环境也较为宽松。在这样的背景下，士人的社会责任感得以增强，他们更为理性地思考社会政治、现实人生，展现出鲜明的理性化特征。

天圣七年（1029），宋仁宗十九岁，此时仍由刘太后把持朝政，仁宗打算率领百官为刘太后祝寿，而范仲淹则认为该做法混淆了家礼与国礼，写下《乞太后还政奏》，要求刘太后退居幕后，

请仁宗早日归政，并谏止仁宗皇帝率百官行拜贺太后寿仪。刘太后十分不悦，随即将范仲淹的奏疏交与大臣们一同讨论，引得晏殊大惊失色，指责范仲淹的所作所为。

为此，范仲淹又写下《上资政晏侍郎书》，文中指出，侍奉皇上当危言危行，绝不逊言逊行、阿谀奉承，有益于朝廷社稷之事，必定秉公直言，虽有杀身之祸也在所不惜。

然而，范仲淹此举却惹怒了刘太后，被贬为河中府通判。虽处江湖之远，他却不改忧国忧民之本色，多次上疏议政，针对吏治、职田等提出多条主张，虽未被采纳，却打动了宋仁宗。

居其位，谋其政，范仲淹以其一心为国为民的高度责任感，成为一代名世之臣，也成为古今为官者的楷模。

三年后，刘太后驾崩，范仲淹回京，拜为右司谏。这年七月，恰遇江淮、京东一带遭遇旱灾，范仲淹焦急万分，奏请朝廷遣使救灾，但是仁宗却置之不理。为此，范仲淹十分愤怒，质问道："宫掖中半日不食，当如何？"听此，仁宗便派他前往江淮。接下任务的范仲淹，不负众望，所到之处开仓赈济，减免盐茶税，禁民淫祀。不仅如此，他还将百姓吃的乌味草带回京城，请仁宗皇帝传示以戒奢侈之风。

虽然宋仁宗的政治才能稍显逊色，但是他并非没有政治抱负。庆历三年（1043），宋仁宗下定决心实施改革，第一件事就是将范仲淹调回中央，授官参知政事。范仲淹是宋仁宗心中最适合的改革实施者，而范仲淹对良相的追求，在此刻得以实现。

进入权力中心的范仲淹，看到了朝廷最严重的问题：官僚队伍过于庞大，行政效率低下，官员贪污严重，战事频发致使国库亏空，等等。这严重影响了国家的稳定，百姓苦不堪言。

此时的宋仁宗召集了一批可用之材，包括范仲淹、韩琦、富弼、欧阳修等人，开始了庆历新政。范仲淹上书《答手诏条陈十事》，提出十项改革纲领，主张澄清吏治、改革科举、整修武备、减免徭役、发展农业生产等，内容涉及政治、经济、军事、教育、科举等各个领域。

在众人的努力下，新政实施仅数月，政局便焕然一新，取得了一系列成果。然而，新政的推行也面临重重阻力，不到两年时间，以夏竦为首的反对派攻击革新派为"朋党"，庆历新政最终以范仲淹等改革者被外放而告终。一代人的理想与努力，便自此落幕。这次力振庙堂的改革虽然失败，但它为王安石的熙宁变法以及此后的历次改革提供了宝贵的经验。

2. 忧黎庶而济民生

范仲淹一生遭遇多次贬谪，居于谪守之地时，他亦无怨悔，关心民间疾苦。在被贬至睦州（桐庐郡，今浙江省杭州市桐庐县）时，他写下《和葛闳寺丞接花歌》："江城有卒老且贫，憔悴抱关良苦辛。"他同情老卒被贬而别乡辞亲的凄苦，但又自觉即使被贬，也无须像老卒一样悲伤，"不学尔曹向隅泣""谪官却得神仙境"，这个地方如此美丽，又何须顾影自怜？范仲淹并不因遭贬的际遇而悲叹，即使不居于庙堂，亦以天下为己任，真正达到了"忧乐天下"而非"忧乐以己"的境界。

天禧五年（1021），范仲淹调任泰州西溪盐仓监，负责监督淮盐贮运及转销。然而，唐时李承修筑的旧海堤久废不治，多处溃决，海水倒灌、淹没良田，人民深受其害。见此情状，范仲淹立即上书江淮漕运张纶，痛陈海堤祸患，建议沿海筑堤，张纶回应："涛之患十九，而潦之患十一，获多亡少，岂不可乎！"随即，范仲淹带领众人在泰州修筑堤坝，治理洪水。自此泰州再未遭受海潮的侵袭，逃难在外的两千余户百姓纷纷迁回。泰州人民感念范仲淹的功绩，将此大堤称为"范公堤"，更有甚者，抛弃祖宗姓氏，改为"范"姓。

在为母守丧期间，范仲淹还应邀执掌应天书院教席，以矫正世风。当时，晏殊于南京任应天知府，听闻范仲淹的才名，便邀请他到府学任职，并执掌应天书院教席。在主持工作期间，范仲淹不仅亲自教学，督促学生刻苦学习，还以身示教，每当谈论天下大事，辄奋不顾身、慷慨陈词，以高尚品德、广博学识影响着学生和士大夫。书院作为中国古代的高等学府，其学风和氛围对于知识的传承和社会风气的塑造具有重要作用，范仲淹的教育理念与才华使书院焕然一新，其声誉也随之日隆。

范仲淹"忧国忧民"的坚守从未动摇过半分。即使身为地方官，远离了中央朝堂，他也并未消极怠政，其所治理之处，百姓安居乐业。无论身处何地，范仲淹都在忧百姓所忧。

范仲淹曾先后三次到浙江，分别在睦州、越州（今绍兴市）、杭州任知州。他为政清廉，体恤民情。他在睦州写下了"千载家风应未坠，子孙还解爱青山"的诗句。

范仲淹非常喜爱"桐庐郡"这个地名。范仲淹二访方干故里，对方氏后裔产生良好影响。范仲淹还在桐庐做了不少实事，

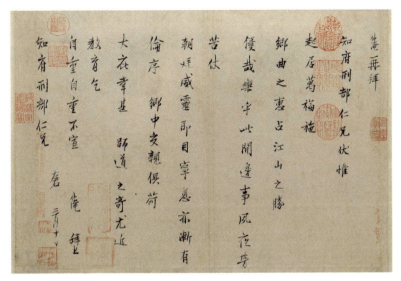

图2-3 《二札帖》〔宋〕范仲淹 （故宫博物院藏）

他修建了严子陵祠堂并写下《桐庐郡严先生祠堂记》，为后人留下了"云山苍苍，江水泱泱，先生之风，山高水长"这样的千古名句。范仲淹在桐庐期间写下著名的《潇洒桐庐郡十绝》，给了桐庐一个永久的美名——潇洒桐庐。

皇祐二年（1050），江浙发生大饥荒，范仲淹主管浙西。他指示下属官员抬高粮价，一斗粮食需一百二十钱。范仲淹非但没有限制粮价，反而将粮价涨至一百八十钱。在众人的不解下，他将此消息散至四方，商贾听闻此事，连夜争着往浙西送粮，唯恐落后。以此，粮食充足之后，商贾互相压价导致粮价大跌。这种救灾新模式确保了杭州"民不流徙"，安然度荒。

不仅如此，范仲淹还举办龙舟赛事，鼓励民间兴办活动，使城中居民得以出游。此外，他还召集各寺院僧人，提出现在处于灾荒年间，工价最为低廉，可以趁此大建寺庙，并建议当地官府翻修仓库、建设官署，每天雇佣上千余人。他勤政为民，治理灾荒，发展生产，得到了浙江百姓的敬仰和爱戴。

杭州人民为纪念范仲淹之惠政与救灾，在孤山建起范文正公祠，在梅登高桥建起范府君庙。范仲淹留下了众多的佳绩和美谈，被《宋史》评为"一代名世之臣"。

范仲淹的为官之路并非一帆风顺，见他多次因谏被贬，梅尧臣作《灵乌赋》劝范仲淹少说话、少管闲事，可以适当装糊涂，不要像乌鸦那样只会报凶讯而"招唾骂于邑间"。对此，范仲淹回作《灵乌赋》，强调自己"宁鸣而死，不默而生"，实为为民请命之凛然大节。最终，被逐出京的范仲淹居于邓州，应巴陵郡太守滕子京之请为重修的岳阳楼写下《岳阳楼记》，发出了"先天下之忧而忧，后天下之乐而乐"的千古绝唱。这不仅是他作为政治家对治国实践和历史规律的深刻总结与思考，更是他为国为民的浩然正气的真实写照。此句蕴含的精神穿越古今，为世代所景仰，是范仲淹毕生追求的真实写照，也成了中华民族的宝贵财富。

宦海沉浮数十载，顺逆之间交替上演，无论身居何职，无论身处何地，范仲淹都恪守其本心，一心为民。尽管范仲淹的多次尝试未能获得成功，但以他为代表的文人士大夫为改变国家积贫积弱的困境所做出的努力和尝试，正是"先天下之忧而忧，后天下之乐而乐"精神的深刻写照。一如《宋史》中的范仲淹，"每感激论天下事，奋不顾身，一时士大夫矫厉尚风节，自仲淹倡之"。

虽然他在政治上的努力未能取得成功，但他为国为民的忧患精神却使他成为一个真正影响时代风气的人。

三、创范氏义庄，家风泽后人

"先天下之忧而忧，后天下之乐而乐"这一跨越时代的思想成就，使范仲淹的《岳阳楼记》成为传唱千古的不朽杰作。这"先忧后乐"的千古绝唱，绝非范仲淹一时灵感突发的酬酢之作，而是凝聚了他数十载蹉跎岁月的体悟，更与一千多年来中国传统忧乐文化的血脉息息相关。

值得一提的是，他的先忧后乐思想观念并非纸上谈兵，而是贯穿他一生的行为准则。即使已至晚年，他也不忘家族内的贫困者，为他们筹建范氏义庄。

皇祐元年（1049），六十岁的范仲淹在杭州任职。身为北宋重臣，范仲淹享有高薪厚禄，但家中生活却十分简朴。此时，居于杭州的子弟皆劝他拿着积蓄安享晚年，到洛阳修建园林，养老享福。然而，一生为国辛劳的范仲淹认为："人苟有道义之乐，形骸可外，况居家乎！"自己就算把园林修得再漂亮也享受不了几年，而人生在世，重在享受道义之乐，而非区区个人游乐。

于是，范仲淹拿出毕生积蓄，购置千亩良田，捐赠给范氏宗族，作为族人的公产。这些田被称为"义田"。只要是范氏族人，都可以在这里得到帮助，有片瓦栖身之地。而后，范仲淹又在家书中嘱咐族人在吴县购置田产，以充实义庄田亩。在购置田产之后，范仲淹又亲自制定了义庄的管理规矩，如：每日逐房计口给米，每口一升，并支白米；冬衣每口一匹，十岁以下及五岁以上者，各半匹；嫁女，支钱三十贯，再嫁，二十贯；娶妇，支钱二十贯，再娶不支……此举一出，范氏宗族近百口人闻讯而来，范仲淹又决定"择族之长而贤者主之"，并规定以平均主义的原则，定量分配义田的收入。

除此之外，范仲淹还在苏州灵芝坊购置田产，设立义宅，以解决范氏族人集中居住的问题。而范氏义庄中的"义学"则建于苏州南园的一座宅第。

如此，以"义田""义宅""义学"为主体的"范氏义庄"正式落成并开始运作。这是范仲淹为后世留下的最后的宝贵财富，亦成为范仲淹之忧乐精神延续近千年的载体。

两宋时期，理学体系的建立成为中国哲学发展历程上的一个重要节点，它从天理、人性等方面发展了儒学，使其成为不可违背的金科玉律。为此，新兴的儒士都十分推崇儒家思想中的宗法观念，讲究"仁"与"礼"，而范仲淹作为宋代儒学复兴运动的倡导者，也是儒家亲亲、孝悌和民本思想的忠实执行者。他在忧国忧民的同时，也希望将宗法观念用于社会秩序的改造，并维护宗族的伦理道德，满足宗族成员的生活需求。范氏义庄应时而生。

范仲淹的四个儿子均在父亲身体力行的教导下，继承了清正节俭的家风，为官之时以天下为己任，皆成名臣，终生恪守

"清心做官，不营私利"的准则，并一起担起了承继家风的重任。其中，以次子范纯仁最为突出。

《宋史》中提到范纯仁"自为布衣至宰相，廉俭如一，所得奉赐，皆以广义庄"。他的名气虽不如父亲那么大，但品格和事功丝毫不亚于其父。他将大部分俸禄都投入了义庄，在苏州天平山附近为范氏义庄添置了一千亩义田，并在其父制定的《范氏义庄规矩》的基础上，又定《义庄规矩》，增加了一些规矩条款，为范氏义庄得以持续运行打下了坚实的基础。

就这样，范仲淹的衣钵传承了近千年，范氏子孙世世代代都有贤能之人出现。这些贤能之人不负所托，几次救义庄于水火之中。

两宋之际，战火频发，范氏义庄在连年战火中难以为继，不少子孙流落他乡，损失巨大。直至南宋庆元、嘉定年间，范仲淹五世孙范之柔和范良器等人重整义庄，修缮义庄房屋，收回先前荒废的义田，恢复了生产，并逐渐提升了义庄的经营水平，完善了运作模式。经过多年运作，范氏义庄才慢慢回到了原有的规模。

元代范士贵任义庄提管期间，苏州官吏想要对义田征税，范士贵随即向上级官府报告，才予以免除。他在任三十多年，成为元代范氏义庄复兴不可或缺的关键人物。即使是在义庄经营最为艰难的明代，也有范氏族人站出来，他就是范仲淹第十六世孙范惟一。范惟一曾任浙江按察司提学副使，辞官返苏后，见义庄几乎面临破产，"乃与宗人长老，差议前规酌以时制，更为参订稍积俸资，渐图复兴"。在范惟一的带领下，范氏族人克服了种种困难，使得义庄获得了新生。

范仲淹在儒家亲亲、孝悌思想的指导下，在"利泽生民""济养群族"美好愿景的引领下，慷慨解囊，兴办义庄，鼓励后代读书仕进，行善积德。可以说，范仲淹建的范氏义庄，不仅给范氏族人留下了大笔资产，而且培养了无数德行优良的子孙后代，形成了好义济世的家风。而历经宋、元、明、清九百多年未衰的范氏义庄，正是其忧患精神、优良家风的最好体现。

在中国传统宗法观念的影响下，范仲淹创办了义庄，"范文正公仲淹为参知政事时，语诸子曰：……自祖宗来，积德百余年，而始发于吾……若独享富贵而不恤宗族，异日何以见祖宗于地下？……并置义田宅云"。虽然义庄的存在具有历史局限性，也有人认为，范仲淹创办义庄，仅仅是为了帮助族人，其实是一种"小天地"的思想。然而，不可否认，作为封建社会的大儒，范仲淹不可避免地受宗法思想的浸染，但这并非其思想体系的主导部分。无论是任参知政事期间推行庆历新政，还是居于地方为民殚精竭虑，他所忧心的对象并不局限于同族人，而是整个宋代的百姓。

四、仁人之心，流布千载

这位在史书中"名节无疵"的贤者，在被贬之时写下了《岳阳楼记》，其"先天下之忧而忧，后天下之乐而乐"之语，经

久传诵不衰。他所言之"忧"与"乐"也并非空穴来风,先秦之时便已有士大夫对此展开论述,孔子云:

> 危者,安其位者也;亡者,保其存者也;乱者,有其治者也。是故君子安而不忘危,存而不忘亡,治而不忘乱。是以身安而国家可保也。

孔子将忧患意识与国家兴亡相关联,以告诫统治者。同时,他将其作为个人修养的准则,"人无远虑,必有近忧","不患无位,患所以立;不患莫己知,求为可知也"。这一思想蕴含的博大胸怀和强大精神力量,让一直践行"先忧后乐"精神的范仲淹受到知识阶层的一致推崇以及民间百姓的爱戴。

范仲淹的一生未曾辜负百姓的期望。作为一位在各领域均有建树的能人,他的家庭生活却十分简朴。《范文正公言行拾遗事录》记载,范仲淹做官几十年,从未增加一名仆役,也未置办一处宅第,最后"殁无新衣,友人醵资以奉葬,诸孤无所处,官为假屋韩城以居之"。

在内忧外患、民族危亡的年代,范仲淹所提出的忧乐观,是忧君之不君,忧民之不民,忧国之不国,亦忧文之不化,所传达的是心系天下的社会责任感。与此同时,以"先忧后乐"思想为代表的忧患意识,在中国数千年历史长河中得到了知识分子阶层的坚守与发扬。

范仲淹的忧虑意识影响了同时代的人,如韩琦、富弼、苏舜钦、欧阳修、孙复、胡瑗等,对他们的教育、政治和军事思

图2-4 范仲淹纪念馆内部陈设（桐庐县文联 供图）

想产生了深远影响。同时，这种忧虑意识在宋元继续发挥作用，影响了后来的学者和思想家，如陈亮、程颢、程颐、苏轼、陆游、范成大、叶适和文天祥等。

在明清时期，范仲淹忧患意识的影响尤为显著。康熙皇帝称赞范仲淹为"济世良相，学醇业广"。乾隆皇帝褒扬其具有忧乐与民的高尚品质："希文古大臣，不与伊葛殊。特达圭璋器，心迹如天日。庙堂而江湖，忧乐与民具。"范仲淹的忧患意识对于社会精英，如李贽、黄宗羲、顾炎武、王直、王夫之和俞樾等产生了深远影响。

随着时间的推移，范仲淹忧患意识的影响并没有减弱，反而变得更加广泛且深远，特别是在求新求变、挽救国家和民众的紧要关头，他的思想的影响愈发显著。这种影响力并不仅限于古代，还延伸至近现代，特别是对熊十力、胡适、钱穆等人产生了深远的影响。事实上，范仲淹的影响力超越了特定的历史阶段，持续地塑造和影响着中国社会。

仁人志士为国计之深远，无论是危难时刻还是和平年代，他们都为国之兴盛、民之安定发挥着巨大作用，影响着中国历史的走向，所谓"乐民之乐者，民亦乐其乐。忧民之忧者，民亦忧其忧。乐以天下，忧以天下，然而不王者，未之有也"。正因如此，仕途上几经沉浮的范仲淹，不曾改其本心，一生以天下为己任，在他的影响下，范氏家族九百多年不衰，人才辈出，建树颇多。

第二篇

苏轼

非义不取，卓尔可风

苏轼（1037—1101），北宋著名文学家、书法家、画家、美食家，是继欧阳修之后的新一代文坛领袖。苏轼的一生是传奇的一生。文学上，他操翰成章，健笔一枝，爽如哀梨，驰名天下；书法上，他位列"宋四家"，引领"尚意"新风，笔墨随心所欲，妙笔生花；绘画上，他提出"士人画"，以诗意入画，形神兼备，涉笔成趣；美食上，他不仅擅品尝，还精烹调，研发诸多菜式，至今仍留佳名。

苏轼在各领域多有建树，深受世人推崇和爱戴，这与他成熟、高尚的人格是分不开的。一个人的人格是由其气质、性格、自我认知等多种要素融合而成的，而人格的形成则受很多因素的影响。家长是一个人的第一任导师，对于像一张白纸刚来到这个世界的个体来说，家庭教育为其写下了浓墨重彩的第一笔。因此，家庭教育与人格的形成是密不可分的。家庭教育是人格塑造的基石，只有基石稳固牢靠，未来的高楼大厦才能屹立不倒。

家风是家庭教育的精华，每个人的为人处世和言谈举止或多或少都映射出家风的影子。俗话说"上梁不正下梁歪"，一家之风气对后代的影响显而易见。家风是一个家族传承下来的

图3-1　杭州苏东坡纪念馆内苏东坡塑像（魏志阳　供图）

精神根基，体现了家族成员的精神风貌和道德文化品质。苏轼出生于一个勤读正业、乐善好施的世家，少年时代的苏轼深受眉山苏氏家风的熏陶，故走上仕途后，不独文章锦绣，其他领域亦光芒难掩，最难得的是其乐观豁达、仁心爱民、刚正不阿的人格魅力，璀璨如当空皓月，光照千秋。

　　在眉山苏氏的家风、家训中，对苏轼及其后代影响最大的当属"非义不取"一条。非义不取是苏轼曾祖父苏杲传下来的家训，自他以后，苏氏历代后人将其铭记于心，将非义不取作为自己为人处世的准则。在非义不取精神的激励下，苏氏家族精英频出，在漫漫历史长河中，形成一片德才兼备的栋梁之林。在以苏轼为首的一众苏氏名人的身体力行下，非义不取精神得以传承，作为中华民族传统美德的一部分延续至今。直至当下，我们仍能在日常生活中发现非义不取精神的踪迹。

一、非义不取精神的家族传承

1. 苏轼曾祖父苏杲

苏轼的曾祖父苏杲（944—994）是五代时期人，他继承了其父苏祐之美德，在兄弟五人中备受尊敬。苏杲之子苏序曾称赞其父："吾父杲最好善，事父母极于孝，与兄弟笃于爱，与朋友笃于信，乡闾之人无亲疏，皆敬爱之。"作为眉山苏氏家族的一员，苏杲将非义不取精神作为家风传承并发扬，为苏氏家族美好品德绵延不绝提供了强大的动力。

与后世多从文不同，苏杲年轻时是一位极擅经营的商人。在一众商人中，他又是另类。别人从商，一切向"钱"看，怎么得利怎么来；而他从商，却"义"字当头，非"义"之财绝不取。尽管重义轻利，苏杲还是凭借自己的商业头脑，把生意经营得风生水起，为一家人提供了富裕的生活条件，成了十里八乡的名人。若是在太平盛世，苏杲凭这一手经商才能，何愁不能游刃有余、如鱼得水？可惜他生在乱世，乱世不盛产"富商"，却盛产"英雄"。

当时正值时局动荡，大唐盛世土崩瓦解，"落了片白茫茫大地真干净"。宋太祖赵匡胤领兵南征北伐。在这个当口儿，站稳立场，投靠强有力的新政权，成了乱世百姓保身的唯一途径。苏杲生活的西蜀被赵匡胤平定后，西蜀的达官贵族见形势难逆，纷纷弃国而逃，奔向宋王朝的首都汴京（今河南省开封市）寻求新的庇佑。这些达官贵族想要匆忙离开，却被他们的财富所拖累。因此，他们在离开时掀起了一阵低价贱卖房产的潮流。一些聪明的当地人一眼便看出这是个商机，纷纷以低价收购这些显贵抛售的房产，以待日后高价卖出。正当许多人做着一夜暴富的美梦时，苏杲却稳坐家中，丝毫不为所动。

有人心花怒放地数着低价买来的房地契，故意从苏杲家门口经过，想杀他的威风。他们说苏杲是个生意人，会做生意是与生俱来的，眼观六路耳听八方，平日里呼风唤雨，自己赚个盆满钵满，怎么真正的商机来了反而犯怵了？想来不过是个纸糊的老虎、大机会前的软脚蟹。

这些闲言碎语像长了翅膀一样到处飞，奈何苏杲充耳不闻，照旧做自己的生意。有好事人耐不住性子，便到他家问缘由——谁不知苏杲生意做得好，怎会看不见此等一本万利的交易？

问的人多了，苏杲才道了实情，他正是深谙其中暴利，才不轻易涉足。趁国难之际，投机取巧，中饱私囊，是为不义。不义之财，焉能取之？"义"是他为人的准则，是他即使在厚利面前也绝不让步的道德底线。经过这件事，众人更加钦佩苏杲的为人。眉山苏氏非义不取的家风便是自此时流传下去的。

苏杲终其一生，家中只有不到二顷的田产，他一直住在祖上传下的旧房子里。平日里做生意挣的钱，他也常偷偷拿去周济穷人。有人问他为什么这么傻，为什么要偷偷摸摸做好事，他解释道："如果财产太多了不施舍出去，难免会引起别人觊觎与算计；而施舍钱财的行为被人知道，又容易被人指责为贪图虚名啊。"听者无不赞叹他的深思熟虑，认为他具有远见卓识的智慧。正是因为苏杲有这种大智慧，他的言传身教深刻地影响着子孙后代，为日后眉山苏氏家族涌现出众多人才的辉煌景象埋下了伏笔。

2. 苏轼的祖父苏序

苏杲有九个儿子，在乱世中，只有七子苏序（973—1047）幸存下来，延续了眉山苏氏的血脉。苏序性格乐观豁达，心胸开阔。苏洵在《族谱后录下篇》中写他"表里洞达，豁然伟人也"，苏轼在《苏廷评行状》中评价他"幼疏达不羁"。苏序与人为善，喜欢结识朋友，无论贵贱皆同一视之，因此大家都愿意与他交往。古今多有人说苏轼最像他的祖父苏序，或许正是因为他们心中都怀有平等的理念，有一脉相承的平等心态。

在其父苏杲的影响下，苏序自幼耳濡目染，将"非义不取"四字铭记于心。在很多次面临人生抉择的时刻，正是他骨子里的非义不取信念帮他做出了正确的选择。

苏序一生以务农为主，过着清贫的日子，仅靠父亲留下来的一点房屋和土地维持生计。在务农方面，他继承了其父苏杲的聪明才智，比一般农民更有远见。

一年春天，干裂已久的土地突遇一场甘霖，都说春雨贵如油，天刚放晴，眉山的乡亲便争先恐后地涌向地头，抓住这大好时机种植水稻。水稻是眉山一带最常见的作物，家家户户都靠种稻维持生计。但那年，苏序却出人意料地在地里种起了粟。乡亲们都感到困惑，因为他们生活的地界，一年四季雨水充沛，最适宜种水稻，可苏序却撂下水稻苗，改种旱地扎根的粟，这实在违背常理。更令人吃惊的是，待到丰收时节，苏序不仅收割了自家地里的粟，还将家中存的稻谷也都换成了粟，并存进粮仓。几年下来，苏序家的粮仓堆满了几千石粟。在这几年里，不断有人询问苏序这背后的原因，想弄清他究竟在搞什么名堂。还有人在背后等着看他的笑话，因为眉山人不习惯吃粟，他们觉得苏序到时候会遇到麻烦，不知如何处置这座粟米堆。然而，苏序却笑而不语，丝毫不理会这些闲言碎语，依旧勤勤恳恳地种粟。直到几年后，这个谜底才被揭开。

那年正值灾荒，赤地千里，饿殍遍野。各家的粮食都只出不进，勉强维持了一段时间后，存粮的仓库便见了底。唯独苏家，因为囤积了更易长久保存的粟，在饥荒时成了粮食大户。在大家即将陷入绝望之时，有人站出来提议去买苏家存放的粟。苏家囤了几千石的粟，这些粟让他们度过这场饥荒应该不成问题。可苏序会同意卖给他们吗？平时，苏序就对那粮仓非常珍视，冬怕雪埋夏怕水灌，更别提如今这个年头。那些粟对于苏家上下的每个人都是救命之粮，他又怎会轻易放手？

尽管如此，还是有人敢于当第一个吃螃蟹的人。一位当地的富商听说苏序家有几千石粟米，便迫不及待地带着下人，挑了满箱金银财宝亲自上门拜访。四周乡邻闻讯纷纷来凑热闹，一瞧见那富商装满财宝的箱子，不禁吸了口凉气，看来苏家这粮仓今日要"大出血"了。有些人甚至暗地里后悔，为什么没在灾荒前多囤粮，为什么钱袋里没多留几个子儿，如今一家人的生计将彻底断绝了。

大家满怀心事地目送那位趾高气扬的富商踏进苏序家门槛。不久之后，那满载财宝的箱子就被"请"了出来，接着是那垂头丧气的富商，显然在苏序家碰了一鼻子灰。人们开始猜测，难道苏序嫌钱少，想要在这个节骨眼上狠狠地敲富商一笔？这些想法让人们对苏序产生了疑惑，以为他只看重金钱，忘记了苏家世代秉持的良善之道。他们不解地问，难道金银财宝都无法换来苏家土地上刨出的食物吗？也有一些常年受苏序周济的人，站出来为他辩护。他们说，人都是为己，苏家清贫那么久，宅子都破得没钱修，也该到发达的时候了。总之，这天众人不欢而散。

就在大家准备艰难地度过这场看不到尽头的饥荒时，一个爆炸性的消息突然传开了：苏家要开仓赈灾，免费为乡邻发放粟米。收到消息后，大家都不敢相信，往日金银财宝都换不来的东西，现在竟然要免费发放给他们。这让人们对苏序产生了怀疑：苏序难道是被菩萨附身了？待大家赶到苏序家门口时，传言果然是真的，苏序正带着一家老小挨个给灾民发粟米。只按人数，不论贫富，每个人都得到了同样的分量，一视同仁。很多人或出于感激，或出于内疚，带来礼物请苏序收下，但都被苏序一一拒绝，原封不动地退了回去。

无论是面对与富商交易的大利，还是面对乡亲们出于人情的小利，苏序都抵制住了诱惑，这正是他非义不取精神的体现。此外，苏序的远见卓识、慷慨无私、心怀大爱的高尚品质，也是他优秀人格中不可忽视的亮点。他为苏氏家族的子孙后代树立了一个良好的榜样。

3. 苏轼之母程夫人

程夫人（1010—1057），出身名门，自幼饱读诗书，见识不凡，既温婉又有主见，是历史上少有的以出色教育和高贵品性闻名的优秀女性。十八岁时，她嫁入苏家，与仅年长她一岁的苏洵结为夫妻，育有苏轼、苏辙二子。她不仅将家事打理得井井有条，还常督促丈夫苏洵读书，并悉心教育苏轼、苏辙。"三苏"成为一代文豪，与程夫人的默默支持和鼓励密不可分。司马光在程夫人的墓志铭中曾给予她很高评价：

> 贫不以污其夫之名，富不以为其子之累，知力学可以显其门，而直道可以荣于世。勉夫教子，底于光大。寿不充德，福宜施于后嗣。

苏轼的《记先夫人不发宿藏》一文记录了程夫人非义不取的故事。

程夫人嫁入苏家后，为贴补家用卖掉了嫁妆，在眉山纱縠行租了一间房，开了一家纺织店。一天，她的两个婢女在熨烫缎料时，脚下突然感觉软了一下，低头看去，见脚底凭空现出

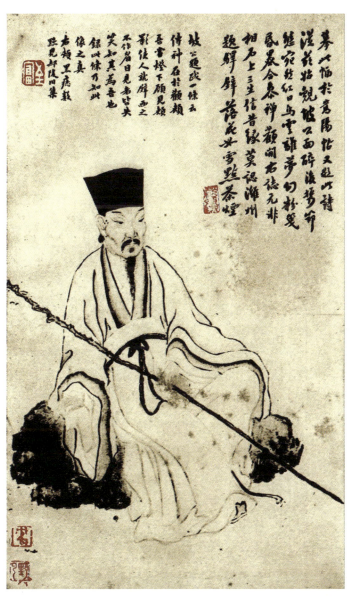

图3-2　《苏轼像》　传〔宋〕李公麟

一个深坑。她们探头朝里一望，隐约看到坑底有一个坛子。挖出坛子四周的泥土后，发现上面盖着一个乌木盖子，颇有些欲盖弥彰的味道。二人顿时来了兴致，猜想这坛子许是先人留下的，密封得如此严实，里面可能是个价值连城的宝贝。然而，她们不敢擅自将坛子打开，决定请程夫人来看看如何处理。程夫人闻讯赶来，只扫了一眼，便立即做出了决定——吩咐两个婢女将坛子原封不动地埋回去。

两个婢女十分不解，苏家男主人外出求学已久，家里只靠夫人一人操持家业，现在正是缺钱的时候，为何不把这罐子打开来看看？万一是个值钱的东西，卖了可以解决进货的问题，夫人也不必为周转不来的资金发愁了。程夫人却不这么认为，她教育婢女："这坛子里的东西本就不属于我们，即使拿了，也是不义之财。取不义之财往往会带来祸端。况且非义不取是苏家的家训，我常用这四个字教育两个孩子，如今又怎能自己亲手破了规矩？"两个婢女听后深受教育，对这位有远见卓识的夫人更加钦佩。

程夫人身体力行地做了榜样。她去世后的一年，苏轼在陕西做官。一日正值大雪，他发现院中种的古柳下有一尺见方的土地上没有积雪。细细回想后，他发现每逢天气变化，这块土地就与四周其他土地不同。苏轼猜想这可能是古人埋藏丹药的地方。在古代，丹药被道士渲染得神乎其神，相传能治百病、保长生，但只有达官贵人才能负担得起炼制丹药的费用，普通百姓根本无法接触到丹药。苏轼正准备去挖开一探究竟，却被他的妻子王弗制止住了。王弗对苏轼说："如果婆婆还在世，她肯定不会让你挖的。"苏轼听后回忆儿时母亲教导他的非义不取，深感惭愧，便将工具放了回去。自此，苏轼也常将非义不取作为约束自己的准则，时刻提醒自己。

程夫人是一位博学、高贵、坚韧而果断的女性。可以说，"三苏"在文学上取得的成就离不开程夫人的牺牲与贡献。人们惊叹"三苏"在文学领域的辉煌成就，却很少注意到他们背后有一位默默操劳的女性。程夫人为人妻、为人母的事迹直到其去世后才逐渐在丈夫和儿子的怀念中复现，被人们传颂和纪念。

4. 苏轼非义不取

苏轼在《前赤壁赋》中写下"苟非吾之所有，虽一毫而莫取"，表达了他不随意将任何东西占为己有之心，即使再微小的东西，他也不贪求。这份洒脱自适的精神与其母程夫人教导他的非义不取是分不开的。

非义不取是苏家家风的精髓之一。苏轼的曾祖父、祖父、父亲、母亲一生都身体力行地践行非义不取的精神。无论面临多么窘迫的处境，"非义不取"四个字就像注入苏家人脊梁里的真气，支撑他们直视命运的安排，在苦难面前昂首挺胸。受到家中长辈的影响，苏轼将非义不取时刻铭记于心，以"义"为准绳，严格要求自己。

苏轼一生多次遭贬，其中最后一次是最远的一次，他被贬到了儋州（今海南省儋州市），时年已六十岁。当时的海南还是未经开发的蛮荒之地，被流放至此与死刑无异。对于年事已高、身体状况大不如前的苏轼来说，生活更加困难。三年后，宋徽宗即位，苏轼获得大赦并得以返回北方。漂泊一生的苏轼，这才有了一个可以歇脚喘息的机会。

从儋州归来后，苏轼准备在阳羡（今江苏省宜兴市）定居。苏轼对这里很满意，有词《菩萨蛮·阳羡作》：

买田阳羡吾将老，从来只为溪山好。来往一虚舟，聊随物外游。

有书仍懒著，水调歌归去。筋力不辞诗，要须风雨时。

当地有一士人，名叫邵民瞻，平日喜爱文墨，仰慕苏轼已久。当初听闻苏轼被贬海南时，他捶胸顿足，为朝廷贬斥忠良痛心不已。如今苏轼得到大赦，打算在他所居住的阳羡定居，他高兴得仿佛自己得到大赦一样，花了五百缗为苏轼提前安排好了住所。苏轼听闻后，说什么都不愿欠他这份人情，搜尽自己所有钱财，分文不少地交给他。邵民瞻见苏轼态度坚决，只好将钱收下，内心对苏轼的钦佩愈加强烈。两人也因为这个小插曲成了无话不谈的朋友。

之后的一天，苏轼和邵民瞻在月下散步，月色清凉如水，两人吟诗对月，好不痛快。不知不觉中，他们走到了一个村子附近，听见一老妇人在伤心地哭泣，两人心生疑虑，便循声走到一间破败不堪的茅草屋前停下。犹豫片刻，两人推门走了进去。只见　头发花白的老妪佝偻着背，伏在地上，身体随着哭声起起伏伏，一副悲痛欲绝的样子。苏轼忙蹲下问她为何如此伤心。
老妪停止哭泣，将肚中苦水一五一十地说了出来。她的丈夫死
得早，她与唯一的儿子相依为命，她一手将儿子拉扯大。如今
儿子翅膀硬了，想要干出一番事业，却因手头钱不够，瞒着她
将祖上的老宅卖了。那宅子是从祖先手里传下来的，已经有几
百年了，这样卖出怎能不让人痛心？她又如何向亡夫和故去的
祖先交代呢？

　　两人心疼老妪的遭遇。在交谈中，他们发现老妪儿子卖掉
的祖宅正是被邵民瞻买下的房子，也就是苏轼现在的住所。得
知这个事实后，邵民瞻面露为难之色，不知怎么办才好。他转
头望向苏轼，而苏轼却一脸坦然，慢悠悠地站直身子，告诉老
妪等他回家取个东西，说完便背着手，头也不回地朝自己的宅

图3-3　苏堤是苏轼留给杭州西湖的一条诗路（魏志阳　供图）

子走去。不一会儿，苏轼便回来了，手里多了一张房契，只见他当着老妪的面一把火将这张房契烧了个精光。第二天，苏轼让老妪儿子将老妪接回他们的祖宅，而苏轼始终没有向他们索要一分钱。这种非义不取的做法，一般人很难做到。

苏轼身上的非义不取精神极具代表性。这种精神不仅体现在他在面对利益时能守住本心，而且融合了对世人的悲悯和仁爱。他以竹杖芒鞋独行于世，纵使风吹雨打，依旧且吟且啸，心中永存大爱，实在难能可贵。

5. 苏轼之子苏过

苏过（1072—1123）是苏轼的第三个儿子，能诗能文，擅长书画，颇有其父风范，时人称他"小坡"。作为"三苏"之后，苏过在文学方面的造诣最为突出，因此有"苏氏三虎，季虎最怒"的说法。

苏过童年饱受颠沛流离之苦。他七岁时，苏轼因"乌台诗案"被捕入狱，这使本就清贫的家庭雪上加霜，年纪尚小的苏过因世人对父亲的偏见而受尽冷眼，使他从小便体味了人情冷暖，洞悉了世态炎凉。然而，苦难并没有击垮他，反而磨砺了他坚忍的品格和乐观豁达的精神，使他之后在面对苦难时更加游刃有余。

绍圣元年（1094），苏轼被贬到广东惠州，生活条件简陋，当地气候也十分恶劣。苏轼深知三个儿子的品性，安排长子和次子带着家人去江苏务农谋生，只让苏过随他一同前往被贬之地。

此时，苏过正值年轻气盛，渴望有一番作为。然而，他毫无怨言，随父亲一路南下，游览了白云山、碧落洞、罗浮山等名胜。到达惠州后，他也竭尽所能侍奉父亲。苏轼喜欢吟诗，每逢外出，更是诗兴大发，写下不少诗篇。苏过陪行左右，与父亲作诗互答。他们相互唱和，让苏轼感到有了一个知己，心情大好。

绍圣四年（1097），苏轼又被贬到海南儋州。此时的苏过刚与新婚妻子团聚没几日，得知消息后，又毅然决定陪父亲前往海南。当时的海南未经开发，环境比惠州更恶劣。苏过又怎能不清楚呢？坊间皆传被贬海南就等同于死刑。他不能眼睁睁地看着年岁已高的父亲孤身犯险，于是在这关键的时刻，他毅然决然地又站了出来。

在海南的日子比想象中的更加艰难，正如苏轼在诗中描述的："食无肉，病无药，居无室，出无友，冬无炭，夏无寒泉。"可苏过从未后悔和抱怨，依旧全心全意地侍奉父亲。苏轼贬居广东和海南近七年，苏过就陪了他近七年，其中艰辛无法言喻。

元符三年（1100），苏轼获得大赦，父子俩得以北归。次年六月，历经千辛到达常州时，年近三十岁的苏过已两鬓斑白，老态难掩。不久之后，苏轼去世，苏过悲痛万分，在父亲灵前长时间哭泣，悲伤之情难以自持，甚至令前来吊唁的宾客都为之动容。

苏过是"三苏"之后最承家风者。眉山苏氏世代以非义不取为家风，在面对自身安乐与侍父尽孝的抉择时，苏过毫不犹豫地选择了后者。为国尽忠，是对国家的大义；为民尽心，是对人民的大义；为父尽孝，难道不是对家庭大义的践行吗？苏过在为人处世上同他的祖辈一样，以"义"为先，恪守本心，连他的叔父苏辙也常称赞他的品性。苏过逝世后，他的文学作品与他至善至孝的事迹一直为世人传颂。

6. 苏轼后裔苏局仙

清光绪八年（1882），苏裕国（1882—1991）出生于周浦镇牛桥村的一个家庭。他是大文豪苏轼的后人。传说，他幼时体弱多病，父母带他四处求医都未有好转。直到有一天，他在梦里见到了祖先苏轼，苏轼告诉他年纪尚小，应该多用功读书，不要荒废此生。苏裕国慨叹自己身弱体虚，时日无多，怕不能完成先辈嘱托。苏轼听罢抚着胡须大笑并安慰他让他宽心，还说自己与神仙打赌并赢了，为族人争得一个长寿的名额，现在这个名额就赐他了。苏裕国醒来后将梦告诉了父亲，父亲听完大喜，与他一同去往祖先祠堂拜谢先祖。自从苏裕国做了这个梦之后，他的身体也奇迹般地康复了，他也因此改名苏局仙，有"局内有口，不可妄言"之意。

苏局仙二十四岁时参加科举考试中了秀才。这是中国最后一届科举考试，作为末代秀才，苏局仙在当时成了香饽饽。许多地方向他伸出橄榄枝，以优厚俸禄请他去做官，但他都一一婉拒，执意回家当一名教书先生。

清朝末年，局势动荡，境外列强虎视眈眈，境内内战不断。苏局仙秉承"达则兼济天下，穷则独善其身"的理念，对外界纷扰置若罔闻，专心教授圣贤之书。无论外界局势如何紧张，他都能抛开一切杂念，在自己的书斋独享一方净土。

这种平静的生活一直持续到 20 世纪 40 年代。年过半百的苏局仙在上海开设学馆，许多人慕名前来听他讲课。然而，他的生活刚刚安顿下来，大批日军便涌入上海，烧杀抢掠的同时，还试图在思想上摧毁中国人——推行奴化教育。当时，日本人搜罗大量中国老师并试图说服他们给孩子洗脑，美化侵略事实，从思想上奴役中国的下一代。

苏局仙一生与世无争，但此时他再也坐不住了。然而，作为一个手无缚鸡之力的书生，他又怎能和蛮横的日伪政府抗衡呢？起初，日军和汉奸不断慕名而来，希望他出馆任教，但他都不予理睬。后来，这些请求让他感到厌烦，他干脆关闭学馆，回了老家。回到老家后，他将自己的书斋命名为"水石居"，寓意为"如水清澈，似石坚定"。这体现了他如水般淡泊无欲、如石般可靠坚定的品性。

在眉山苏氏家族千年的历史中，其家风在苏局仙身上得到了传承与延续。面对官场优厚俸禄的诱惑，他拒之不理，独善其身；面对日伪政府的利诱威逼，他铁骨铮铮，尽显国人骨气。他始终明白，在自己——一个苏家后人的心中，什么才是真正的"大义"。

二、非义不取精神的现代传承

苏家几代人非义不取的故事历经千年，至今仍为人们所传颂。非义不取的精神逐渐融入中华民族的文化血脉，成为我们高尚品德和操守的重要组成部分。在现代社会，非义不取的精神无处不在。不论是国家利益与个人利益之间的权衡和取舍，还是日常生活中的诚实守信，我们都需要以非义不取为准则，做出正确选择。

叶嘉莹先生（1924—）是一位古典文学研究专家。她出生于一个书香世家。她的父母对她抱有很高期望。她三岁便开始识字、背诗，六岁开始记诵《论语》。儿时接触的古书典籍，

图3-4 杭州苏东坡纪念馆（魏志阳 供图）

就像一粒藤蔓的种子，扎根于她幼小的心田，等待着成长与开花。时间像是一剂催熟剂，春去秋来，这根藤蔓抽芽拔叶，郁郁生长，占据了她对未来的全部期望。

1941 年，叶嘉莹考入辅仁大学国文系，顺利地进入古典文学专业。然而，快乐的时光总是短暂的，没过多久，国内爆发了战争。叶嘉莹与伯父、伯母及两个幼弟一起生活，然而，父母却意外与她失去了联系，家庭分崩离析。战争摧毁了现实的平静，却磨炼了她内心的坚韧。在这样的环境里，她不仅没忘记读书，还化悲痛为力量，创作了大量诗词。大学毕业后，凭借深厚的古典文化素养，叶嘉莹先后在北平（今北京市）、台北任教。1966 年，她被派往美国哈佛大学、密歇根大学讲学。1969 年，她定居加拿大温哥华，并成为不列颠哥伦比亚大学终身教授。

此时，她已是一位名誉加身且在世界范围内享有很高知名度的学者。她本可以留在国外，拿着高薪，安心地做研究，衣食无忧地度过余生。然而，对国家的热爱使她义无反顾地在1978 年向中国政府提出回国讲学的申请，开始了每年假期返国任教的忙碌生涯。退休后，她本可以颐养天年，却仍坚持每年回国讲学，任教时间甚至扩展到整个学期。在国内任教期间，叶嘉莹先生还陆续将自己的三千多万元财产捐赠给南开大学教育基金会，设立"迦陵基金"用于支持中华优秀传统文化研究。

叶嘉莹先生曾说，读苏轼的作品，可以领悟人生的真谛。苏轼的词给予她很大的触动。苏轼的非义不取精神也在无形中影响了她的人格塑造。虽然，人生的走向变幻无常，但在每一个岔路口，选择的权利确是实实在在地握在自己手中。在中国古典文学亟待重建之际，她回国投身于古典文学事业的研究与发展。在文学研究资金匮乏之际，她毫不犹豫散尽家财，投入文学事业建设。她的每一个重大抉择都以国家利益为重，以大义为先，深刻体现了非义不取精神在当代人身上的传承。

非义不取精神并不是名人的专属勋章，即便我们生而平凡，也能将非义不取化作明灯，时时照亮我们前行的道路。

最近一则社会新闻——酒店保洁员宋大姐因拾金不昧被辞退，再次让世人想起了非义不取的精神。据媒体报道，2023年1月，宋大姐在工作时捡到两万元现金，现场寻失主未果后便将钱交给前台。几天后，她通过与前台工作人员的聊天得知失主仍未认领，便决定好人做到底，选择报警。正是她报警的举动惹怒了酒店方，酒店一气之下将其辞退。在与酒店交涉中，宋大姐得知，酒店管理人员认为她于酒店捡到的任何东西都应归酒店，她捡到的钱也应由酒店内部处理，不应让警察介入。宋大姐听后心中不服，拾金不昧本是好事，为何却让自己丢了工作？于是她便把这件事发布到了网络上。一石激起千层浪，宋大姐的遭遇引起了舆论的关注和网友们的同情。

拾金不昧应得到鼓励是大众的共识，如今却导致了截然相反的结果，怎能不引起公愤？事件不断发酵，引起了有关部门的关注，酒店的声誉也大幅下降。随后，相关部门对酒店进行了处罚，并为宋大姐安排了新的工作。

在这件事中，两万元对宋大姐来说无疑是一笔巨款，相当于她数月的工资。在捡到现金的时候，她并未选择私吞，而是第一时间寻找失主。没有失主来认领，她便帮忙联系了警方。宋大姐受责罚引起公愤，说明拾金不昧已成为大家的共识。拾金不昧应受到社会的认可和提倡，这样才能形成良好的社会风气。拾金不昧虽是小事，却是非义不取精神在日常生活中的具体实践。不是自己的财物，不轻易占为己有，这是非义不取精神对我们的最基本要求。这件事展现了非义不取精神与现代社会美德的紧密融合，也从侧面反映出公众对非义不取的认可。

　　非义不取作为眉山苏氏的家训，有匡一家之风气、正后世之脊梁的作用。非义不取凝聚了苏氏先祖的智慧与对后世的殷切期望。非义不取精神在苏氏家族血脉中代代相传，成为苏氏英豪辈出的原因之一。此外，非义不取并非僵化的教条。它能随着社会变化而调整自身的存在形式，演变成适合当代社会发展的新形态。这得益于"义"字的灵活多变：孝亲敬长，是一家之义；体恤人民，是社会之义；奉献国家，是一国之义。舍小利而取大义，是非义不取精神的核心，也是我们在面临重要抉择时的参考。

第四篇

郑义门

一钱尺帛无敢私

　　义门，即朝廷所表彰的累世同居共财的尚义之家。唐宋之际，门阀崩溃，庶民崛起，致宗法松弛。对此，一些理学家在试图维护中央统治的前提下，利用基层社会的自治，重建新的家族组织。缘于此，累世同居的义门逐渐发展起来，"浦江义门郑氏"便是其中久负盛名的一家。

　　北宋元符二年（1099）正月，郑淮与其二兄郑渥、郑况迁居到浦阳，郑氏家族开始在此定居。郑淮生三子：郑煦、郑熙、郑照。郑照生二子：郑绲、郑绮。郑绲字宗醇，号冲应。郑绮字宗文，号冲素。郑氏家族聚族而居的历史自此开启。

　　郑氏家族自南宋年间起，经元至明朝初期，累世同居于浙江金华浦江，曾多次获得最高统治者的嘉奖。"阖族殆千余指，合族聚食而雍睦恭谨，不殊乎父子兄弟之至亲，宋元国朝屡旌其门。"明初，朱元璋赐封浦江郑氏家族为"江南第一家"，直到天顺三年（1459）郑氏家族因火灾烧毁祠堂而分居。

　　在家族发展过程中，郑氏族人遵循"以德正心，以礼修身，以法齐家，以义济世"的治家理念，同居共财十余世，历经宋、元、明三朝。浦江郑氏家族是中国传统社会家族同居史上时间最长、规模最大，且最重视传统家族礼仪文化的大家族之一。

"孝义同居"是浦江郑氏家族区别于其他家族的一个特点。"十世同居，凡二百四十余年，一钱尺帛无敢私"，屡受朝廷褒奖。到了元朝，郑氏家族两次被旌表为"孝义门"，于是便改称"郑义门"。数百年来，浦江郑氏家族以清廉家风著称于世。

一、孝义并举的家国理想之形成

1. 把孝义写入家庭律法

南宋建炎元年（1127），郑绮（1118—1193）主持家业，倡行义居共炊，开始了郑氏家族的同居生活。郑绮非常重视孝道。《宋史·孝友传》记载，郑绮的母亲患"风挛"，瘫痪在床三十余年，他"抱持以就便溲三十余载"，未有半句怨言。传说，一年大旱，溪水干涸，母亲病危，想喝一口白麟溪水，郑绮在溪边"挖数仞不得泉"，急得号啕大哭了三天三夜，此举感动了上苍，甘泉从地下涌出，人皆以为孝感所至，故名"孝感泉"。后人在泉边立碑建亭，以资纪念。临终前，郑绮召子孙来到郑家祠堂，并立下遗嘱："吾子孙有不孝、不悌、不共财聚食者，天实殛罚之。"

郑氏六世祖郑文融制定了最初的五十八条家规，到明初，这些家规已经发展为一百六十八条的《郑氏规范》。当时组织

图4-1　江南第一家（郑宅镇人民政府　供图）

修订家规的是明太祖朱元璋的"开国首臣"宋濂，他曾在郑家自办的书院里执教多年。宋濂还把郑家"以孝治家"的理念推荐给了朱元璋，朱元璋给郑家写下了"江南第一家"五个大字，并在明代的法律中引入了不少《郑氏规范》的内容。

·　《郑氏规范》非常注重"孝"。这里的"孝"并不局限于伦常范畴，而拓展至很多领域。比如，私自出卖田产、私自购置田业，都属于"不孝"。在郑氏先祖看来，"孝"首先是要有家庭、家族意识，要能以家的利益为重，自私就是"不孝"的一种。

郑家还注重家国大义。郑氏五世祖郑德璋（1244—1305）得罪了小人，被诬陷判了死罪，身在扬州的哥哥郑德珪舍身救弟，独自揽下罪名。当赶到扬州时，郑德璋发现哥哥已冤死在狱中，此后他担起了抚养哥哥的妻儿的责任。这些也被记录在《郑氏规范》中，时刻提醒郑氏族人要兄友弟恭，相互扶持。

郑氏六世祖的兄弟郑臣保曾在南宋朝廷任刑部员外郎。鼎革之际，元朝使者希望郑臣保归顺元朝，但郑臣保断然拒绝，逃到了朝鲜半岛的瑞山定居下来，但他仍遵照家规行祭祀礼，而且希望有朝一日能返回故土。

明洪武初年，郑氏家族的家长郑濂在南京供职。不久，灾难降临。"胡惟庸谋反案"牵涉到郑濂，故人人避之不及。但是，郑氏兄弟与众不同。当官差上门捕人时，郑濂六兄弟争先恐后承当"罪名"。消息传到朱元璋那里，朱元璋深感惊讶："像郑氏这样的家族怎会出乱臣贼子？"于是，他下令宽恕了郑氏

图4-2　郑绮塑像（郑宅镇人民政府　供图）

兄弟，并提拔了在这次"争罪"中表现最为舍生取义的郑氏小弟郑湜担任左参议。洪武十八年（1385），朱元璋为了表彰郑氏家族的忠孝仁义，特地赠予其"江南第一家"之匾，该匾后来一直被挂在郑氏宗祠里。到建文帝时期，朱允炆又亲笔御书"孝义家"赐予郑氏家族，这封赐书后来由郑氏家族珍藏起来。

　　"义"在《郑氏规范》中地位突出。该规范第八十六条要求出仕子弟勤政奉公、不可贪污渎职："既仕，须奉公勤政，毋蹈贪黩，以忝家法。任满交代，不可过于留恋。"第八十七条要求出仕子弟报国爱民："当夙夜切切以报国为务。抚恤下民，实如慈母之保赤子；有申理者，哀矜恳恻，务得其情，毋行苛虐。又不可一毫妄取于民……违者天实临之。"第八十八条规定了对贪腐的为官子弟的家法处罚，条文内容广为人知："子孙出仕，有以赃墨闻者，生则于《谱图》上削去其名，死则不许入祠堂。"贪污腐败，不仅国法不容，而且要从宗谱上除名，被自己的家族所抛弃，可以说是身败名裂。死后不得入宗祠，对信仰祖宗、重视传统宗法家族观念的古人来说，这等同于沦落为孤魂野鬼。

　　浙江师范大学毛醒策教授认为，《郑氏规范》对于郑氏家族而言相当于一部家族法律。古代家规普遍会引用孔子的言论和《周礼》的规定。然后，《郑氏规范》务实不务虚，把每个理念都落在具体的操作上，明确规定了家里每个成员该做什么，不该做什么，很少空谈口号。比如女人到了五十岁就不需要烧饭了，可以"退休"享福；女儿长到十多岁，得给她穿得好一些；等等。

　　有学者认为，中国家训理论经历了三个发展阶段。第一个阶段是南北朝时期的《颜氏家训》，第二个阶段是宋代司马光的《家仪》。它们的共同特点是理论性较强。作为中国家训理论的第三个发展阶段，《郑氏规范》的特点是规范性强、可操作性强，以及与国家精神充分契合。该规范甚至将大家庭的管理职务分为十八种，共计二十六人，形成一个网格式的多层结构。通过这种严密的组织体系，一个庞大家族的秩序得以井然有序地建立起来，这便是《郑氏规范》流传百年不衰的原因。

2. 孝义并举之家风实践

"忠孝不能两全"可以说是受儒家思想影响的中国古代士大夫面临的最核心的困境。以"孝义"名冠天下的郑氏家族也经历过两起"弃孝从义"的事件。

第一起事件发生在南宋末年。忽必烈于咸淳七年（1271）定国号为元，接着把进攻矛头直指南宋。德祐二年（1276），元军攻占南宋都城临安，俘五岁的南宋皇帝恭宗。南宋朝廷长期为投降派所把持，文武官员纷纷出逃或投降。南宋亡臣陆秀夫、文天祥和张世杰等人连续拥立了两个幼小的皇帝，成立小朝廷，逃亡至南海一带。元军对小皇帝穷追不舍。后文天祥在海丰兵败被俘，张世杰战船沉没，至元十六年（1279）二月初六，随着崖山海战失败及陆秀夫背着小皇帝跳海身亡，南宋彻底灭亡。

据记载，当年元朝军队所过之处，尸横遍野，血流成河，农田荒废，百业凋敝，这是一场残暴野蛮的战争。在危难之际，南宋主战派代表文天祥忠于南宋朝廷，受俘期间，元世祖以高官厚禄劝降，但他宁死不屈，从容赴死。他的作品《过零丁洋》中"人生自古谁无死，留取丹心照汗青"成为千古绝唱。

起初，元朝统治者并不通晓汉族文化，但在长期的征战中，他们逐渐认识到汉族文化对于夺取和巩固政权的重要性。他们深刻地认识到家乃固国之本，因此对"江南第一家"的治家经验，以及其家庭政治、家庭伦理建设和封建社会长期形成的宗法制度与思想体系给予了重视，并进行了继承和发扬。

宋元交替之际，社会动荡使统治者千方百计地寻找治国良方。在这样的历史背景下，元朝使者逼迫曾在南宋朝廷任刑部员外郎一职的郑氏家族六世祖的兄弟郑臣保归降元朝出任官职，却遭郑臣保断然拒绝。他大义凛然地说："一女不嫁二夫，一臣不侍二君，我怎么能当你们元朝的官员呢？"他宁可弃孝从义，也要忠于南宋朝廷，为了避免他们再来纠缠报复，郑臣保便携带家眷从杭州湾划小船远走他乡。经过长时间的海上漂泊，郑臣保来到了朝鲜半岛瑞山的看月岛，并在那里定居下来。在看月岛上，郑臣保夫妇过着清苦的生活。他们先后生了三个小孩，其中一个名叫郑仁卿的儿子后来成为高丽国的丞相。

2002 年，韩国瑞山郑氏和浦江郑氏在河南荥阳参加了一次寻根问祖的宗亲活动。令人惊讶的是，双方的郑氏族谱中竟然都有一位祖先叫郑冲应，通过对史料的查证，确定韩国瑞山郑氏与浦江"江南第一家"属同宗同族。双方在郑氏宗祠隆重签订了《归源金禧书》。即便是离开中国的郑家人，几百年来也一直恪守家规，对亲情、血缘之情非常看重。韩国郑氏在时隔七百多年后，回到浦江郑宅认祖归宗，完成了一段传奇的归宗之旅。

第二起事件发生在洪武帝朱元璋去世后。建文帝朱允炆登基不久，其叔父北方的燕王朱棣起兵造反。燕王兵力强大，建文帝御敌屡败，朝廷文武百官多见风使舵，开城门纷纷投降燕王。当时朝廷武将缺乏，建文帝赐封文官郑义门八世祖郑洽为留守卫都尉指挥史。郑洽、廖平等率领南京军民抵抗朱棣的多次进攻，但因寡不敌众而失守。最终，燕王朱棣攻破南京，建文帝被迫下令焚毁宫殿。

建文帝当政期间，摈弃了朱元璋严酷的统治方式，采取宽柔的统治方式，深得民心。建文帝是一个爱民如子且以仁德治天下的明君。时人谈论，均言"四载宽政解严霜"。建文朝四年的新政取得了巨大的成功，获得了民众和臣子的支持。

太祖朱元璋生性"雄猜好杀"，建文帝对局势有着深刻的认识，因此继位伊始，就着手改革，改变了太祖朱元璋的一些弊政，这被称为"建文新政"。建文帝有意结束其祖父尚武的政风，强调文官在国家政事中的作用，提高文官的地位，将权力适当下放，不再将权力集中于皇帝一人手中，因此得到了朝臣的支持。初登大宝之时，建文帝亲自确定新年号为"建文"，与祖父的"洪武"形成鲜明的对比。他还立即将六部尚书升为正一品，大力推行科举考试，并下诏要求荐举优通文学之士，授之官职。建文帝身边几个被委以重任的大臣也都是饱读诗书的才子。以郑洽为代表的"江南第一家"众多学子也得到了建文帝的重用。正是因为建文帝所信任的大臣多为这样的文人，所以人们将新朝廷称为"秀才朝廷"。在这种情况下，文人获得了比以前更高的政治地位，他们的胆量变大了，更加勇敢地表达自己对朝政的看法，同时对建文帝忠心耿耿，这也是后来大批文臣甘愿为建文帝殉难的原因。

郑洽就是众多忠义之士中的杰出代表。有史实记载，靖难之变时，跟随建文帝的共有二十二人，其中有一位名叫郑洽的翰林待诏是浦江郑义门人。当时情况非常危急，众臣提议："忠臣出于孝义之家，浦江郑氏义门孝义家可居。"郑洽冒着杀头灭族的危险，决定收留这位被逼下野的皇帝。他对建文帝说："臣蒙高皇隆恩无以为报，今正其时也。"建文帝表示赞同。大家约定左右紧随三人，以师徒相称，其余的都化装改名逃出京城，乘船一路南下，往浦江去。最终，建文帝藏匿于郑宅一口枯井里而幸免于难。

"江南第一家"至今留有建文帝避难的历史古迹，如帮助建文帝脱身的枯井"建文井"，以及供建文帝藏身的小阁楼"老佛社"等。郑氏子孙结婚时使用的礼堂昌三公祠的十八块门板上，中间的花板雕刻了建文帝从继承皇位到退位出逃"江南第一家"的完整故事。郑洽的家乡的街上至今还保留着一种独具一格的龙灯，相传建文帝避难来郑宅街上观灯解闷，被迎龙灯的村民认出，村民立即半跪行礼，行路时不断磕头致敬，龙头也随之低垂。这种以行礼表达对建文帝敬意的特殊龙灯至今仍然存在。

面对孝义不能两全的难题，郑洽忠君而不顾家族安危，随帝出奔，毅然选择了"义"，继续护卫建文帝逃亡至南方，漂泊流离。其母亲妻儿四处讨饭逃难，爱子郑安治也在战场上阵亡。

郑洽终身追随建文帝，矢志不移，最终在福建宁德的郑岐村隐姓埋名，度过了余生。这段隐秘的故事直到现在才被史料证实。

在这之后，"江南第一家"祭祖时都是鸣钟二十五下半，这半下就是为郑洽而设。郑洽忠君而不顾家族安危，隐姓埋名，随帝出奔。以恐干系，郑氏家族在家谱中暂时削去郑洽之名。后裔在祭祖时本应先鸣钟二十六下，然因讳郑洽之名，只得鸣二十五下，但子孙不甘隐其名，在二十五之后，复鸣半下，以示郑洽随帝出奔之意，这一做法延续了六百多个春秋。

二、以礼治家的礼仪实践

在理学的影响下，宋人为加强家族的凝聚力，防止财富分化，以确保士大夫家族的长久繁荣，提出了许多理论性的策略，包括立宗子，建家庙、祠堂、编纂家法（训）及族谱等。浦江郑氏是以礼治家的集大成者。

1. 制定家仪

宋元时期，浦江郑氏在"以礼治家"思想的指导下，遵循行于今不悖于古的礼仪原则，依照朱子《家礼》制定了《郑氏家仪》。祭礼的施行不仅表达了后人对祖先的崇拜，也对族人的言行、思想进行了规范和管控。实际上，祭礼已经成为郑氏家族加强家族管理的重要手段和方式。

郑氏家族七世孙郑铉之子郑泳认为，只有"以礼治家"才能从根本上保证郑氏家族长久发展。他认为，礼最初是为了节制人欲而产生，"盖闻人之生也不能无欲。欲而不得，则争且乱。先王制礼以治其躬，制乐以治其心"。上至国家管理，下达家族生活，礼都是不可或缺的重要组成部分。"朝廷之制，既非所敢闻，一家之政，不得不为防范之节文也。"

郑泳从家族管理者的立场和视角来认识礼的价值与功能。他认为对于郑氏家族来说，礼存在的意义在于维护上下尊卑的家族秩序，确保家族生活的正常运行。简言之，礼是家族组织良性运行的重要保障。因此，郑泳明确提出"以礼治家"的治家理念，并得到了郑氏族人的认同。郑氏族人更加积极主动地参与家族礼仪建设，有意识地传承和深化自身的家族礼仪实践。

为了确保"以礼治家"理念的贯彻和落实，郑泳遍寻古代礼书，上溯《周礼》，下至《书仪》，最终确定以朱子的《家礼》作为"以礼治家"理念的文本依据。对于历代礼仪著作，郑泳认为"近代有四先生礼，当时朱子已谓二程横渠多是古礼难行"，而只有"温公本《仪礼》而参以今之可行者"，冠婚丧祭等礼皆施行于家，因此朱子《家礼》多采用《书仪》，又根据时俗，略加去取，定为《家礼》，"天下后世始可遵而行之矣"。郑泳对《家礼》的认同缘于《家礼》文本自身在家族礼仪生活规范方面的优势。于是，郑泳按照《家礼》所设定的礼仪模式来制定郑氏家礼，作为实现"以礼治家"理念的重要保障。

郑氏家族在"以礼治家"思想的指导下进行礼仪实践，然而，如何施行礼仪，礼仪的具体操作方法是什么，这是郑氏家族必须审慎思考的重要问题。

郑泳曾指出郑氏家族礼仪遵循朱子《家礼》文本的设定，但也认识到时俗变迁是不能回避的问题。考虑到郑氏家族数世同居的特殊性，理想的礼仪模式应该重视传统礼仪沿袭，这样才能够充分发挥传统礼仪的权威作用。有时，传统就是权威，是不可变更的历史力量，对传统的延续，是对现实最好的解释。通过礼仪的施行，那些具有长期历史传承的行为能起到让家族良性运行的目的，这样的行为也会让人在历史面前肃然起敬。

对于生活而言，传统固然重要，但决不能固守传统，违背生活现实，郑氏家族礼仪不能完全照抄照搬《家礼》文本。因此，郑泳提出了行于今而不悖于古的家礼制定原则，"古礼于今不能无少损益，必求其可行于今，不悖于古者"。郑氏家礼的制订既不能违背古礼，又要与时俗相适应，在古与今、礼与俗之间做出调整，制订可行方案。

> 婺浦江有义门郑氏，自宋迄今十世同居，其孙泳，字仲潜，又遵《书仪》《家礼》，而以为古礼于今不能无少损益，必求其可行于今，不悖于古者，并录其家日用常行之礼，编次成书，名曰《郑氏家仪》。

为了实践"以礼治家"的理念，郑泳按照"可行于今，不悖于古者"的原则编写了郑氏家族重要的家族礼仪文献——《郑氏家仪》。他从郑氏家族的生活需要出发，重点对冠婚丧祭等人生礼仪进行了规范，并意在将《郑氏家仪》作为郑氏家族礼仪生活的标准文本。

"是编也，乃吾家日用之仪，序次成书，传之子孙，使谨守而易废，非敢以淑诸人也。"郑泳编写此书的目的是服务于自家礼仪生活，但对于《郑氏家仪》的历史影响，欧阳玄在为其作序时就曾预言该书可与司马光《书仪》、朱熹《家礼》并举，共同推动后世家族礼仪发展，"是编也，宁独郑氏一家可行，将见与二书并传于世，岂曰必补之哉"。

2. 义门祭礼

郑氏家族是一个同居、共财、共爨的大家庭。为保障由上千人组成的大家庭正常运转，郑氏家族必须依赖祖先的力量。义门以血缘关系为基础，族人凭借先天的血缘联系在一起，形成一个血缘共同体。但是，如果离开了家族仪式，仅靠血缘并不能形成足够的凝聚力。《郑氏家仪》分为通礼、冠礼、婚礼、丧礼和祭礼五个部分，其中最重要的就是祭礼。

厦门大学历史系教授郑振满认为，宋以后，宗族组织的发展过程中普遍存在且始终起作用的因素并不是祠堂、族谱和祭田，而是各种形式的祭祖活动。郑氏家族在礼仪方面秉持"事亡如事存"的原则。他们不仅不能忘记祖先，而且要修建祠堂，长期供奉祖先的神主，并定期举行隆重的祭祖仪式。

祭祖即对有血缘传承关系的祖先进行祭祀，这些祖先是义门存在的渊源，正是这些祖先的存在，义门才有了产生的基础。

图4-3   郑氏宗祠（郑宅镇人民政府   供图）

因此，对于郑氏家族而言，对祖先的祭祀是他们肯定义门生活方式的重要表现，也是延续义门生活的重要途径。由于祭祖与义门生活方式紧密相连，郑氏族人对祭祖礼仪问题倍加重视。在设定具体的祭祖礼仪方面，郑氏族人也经过了慎重思考和抉择。

对于义门家族来说，祭祀对象的选择具有重要意义。仪式中出现的祖先神主不仅是一个神主牌位，它代表着这位祖先在这个大家庭中的地位和影响，而且也与这位祖先的后代在家族发展过程中的地位和影响密切相关。因此，哪些祖先能参与祭礼，哪些祖先不能参与祭礼，是家族内部各种力量相互角逐、相互制衡的最终体现。按照《家礼》设定的祭礼模式，祭礼包括定期的四世祖祭、冬至祭始祖、立春祭先祖、季秋祭祢、忌日之祭以及墓祭。从祭礼模式的继承上看，郑氏家族基本保留了以上祭祀形式，只减少了季秋祭祢，并增加了与忌日之祭意义相同的生日之祭。在郑氏家族的祭祀仪式中，不同的祖先被祭祀的次数存在差异。

通过一年多次举行祭礼，义门的生活理念被更多的族人接受，义门的生活方式得以延续。对于像郑泳一样重在"以礼治家"的郑氏族人，对郑绮的祭礼仪式是维持义门同居生活方式、增加家族凝聚力的有力保障。

除了每年定期的四世祖祭和祭拜郑绮外，郑氏家族还会为其他部分祖先每年举行一次或两次的祭礼。这些祖先之所以被祭祀，一方面缘于他们在家族血缘传承中的重要作用，如冬至始祖之祭，这是每个家族都应坚持的祭礼，也是对家族姓氏来源的纪念。另一方面缘于他们卓越的历史功绩和高尚的道德品质。在郑氏家族中，每年都会为担任过龙游县丞、青田县尉的五世祖及其哥哥，以及担任过金事府君、庶子府君、贞义府君等职位的祖先举行专门的祭礼。其中，五世祖及其哥哥因孝义行为获得朝廷旌表，"兄代弟殁于扬州，弟负骨归葬，庐墓三年，以义称。朝廷旌孝义表门，故祔食于先祖"。这两位郑氏先祖因自身孝义行为给家族带来了荣耀，郑氏族人对此深感骄傲，将其奉为祭祀对象，表达对其的崇敬之情。祭祖不仅彰显了家族显赫的历史，而且郑氏家族努力将这种历史资源转化为现实动力，教育后世族人仿效祖先孝义行为。因此，出于情感表达的需要和家族建设的实际需求，每个家族都可能选择对家族发展产生重要影响的祖先举行特殊的祭礼。这种特殊祭礼的意义在于对优秀品德的肯定和推广，并将这种历史资源转化为现实生活的动力，为义门同居生活提供精神支撑。

祭礼的时间、地点和祭祀对象确定后，礼仪的具体操作方法再次引起郑氏家族的重视。仪节不仅是礼仪的重要组成部分，更是礼仪所蕴含的象征意义、文化价值和社会功能的直接承载体。通过对仪节的设置和施行，人们能够参与其中，获得亲身感受，在行动中领悟祭礼的意义，从而为实现祭礼的文化价值和社会功能奠定基础。

在仪节的设定方面，郑氏家族遵照《家礼》四时祭礼的设定模式，制定了严格而复杂的仪节。第一，从仪式举行的时间上看，郑氏规定祭礼在"四季仲月望日"举行，而不是按照《家礼》所设定的通过占卜的方法获得具体祭祀日期。这样，时间从"天定"到"人定"，郑氏家族进一步提高了对仪式的主导性，使整个仪式的进行都紧紧地掌控在自己的手中。第二，在祭前准备和正式的祭礼过程中，郑氏都严格遵守《家礼》的祭礼模式，按照《家礼》的设定层层推进祭礼仪式。

在祭礼中，按照《家礼》的设定，女性不仅要参加祭礼，而且要由主妇进行亚献、进茶。然而，关于郑氏家族女性参与祭礼的相关记载极少，仅在最后的馂食仪节中提到"家长中坐，男女东西相向而坐"。按照郑氏家族的规定，女性仅可以参加最后的馂食仪式，与男性共同接受祖先的福佑。此外，在祭祀仪式活动中，郑氏家族的女性可以参与日常朔望两日的参拜礼仪，"家长率众子妇诣祠堂前"，参拜之后，所有人来到有序堂，"家长出，坐有序堂，男女左右坐定"，听子弟宣读家训。由此可见，郑氏家族并未将女性完全排除在祭礼之外，只是降低了女性的参与程度。

随着时间的推移，女性逐渐丧失了祭祀的参与权利，郑氏家族对所有参祭族人的管制和约束也变得非常严格。按照祭礼最初的要求，"祭主敬"，所有参祭人员秉持诚敬之心参加祭祀活动。整个祭祀仪式庄严又有秩序。然而，郑氏祭祀仪式特别设置了司过者角色，这表明仅仅依靠诚敬之心并不足以维持祭祀的秩序。在三献礼之前，司过者要警告族人：

> 祭祀务在孝敬，以尽报本之诚，其或行礼不恭，离席自便，与夫跛倚、欠伸、哕噫、嚏咳，一切失容之事，督过议罚。督过不言，众则罚之。

仪式最后还要增加举过仪节，"气序流易，感时追慕，谨以洁牲，乃陈笾豆，酹酒于茅，进馔而侑，尚祈鉴歆，是福是佑。祀事既毕，无过可举"。如果有族人在仪式中出现不恭行为，礼毕后要接受"罚拜"。郑氏家族设置司过者作为整个仪式的监督者，实质上是对《家礼》祭礼模式的一次创新。郑氏家族认为仅依赖族人自觉地"祭主敬"并不能确保仪式的有序进行，因此需要增加外力以确保仪式的顺利进行。

同时，郑氏家族设置司过者的目的在于强调通过祭礼实践来有效管理族人。在祭礼仪式中，祭品作为神与人沟通的重要媒介，承载着深厚的价值和意义。后人通过准备、进献祭品表达敬意，祖先通过馈赠食物赐福后人。

在"以礼治家"思想的指导下，郑氏家族遵循行于今而不悖于古的礼仪设定原则，按照《家礼》祭礼模式制定了《郑氏家仪》。此外，郑氏家族根据家族义门同居的特殊性，对祭祖的仪节进行了多处调整。更为重要的是，郑氏家族对《家礼》祭礼模式的价值和功能进行了重新发掘，展现出良好的家族管理秩序。祭礼中的一切人事行为都在家族的管控之下按秩序进行。因而，对于郑氏家族来说，举行祭礼不仅是表达对祖先的崇拜，也是对族人的言行、思想进行规范和管控。实际上，祭礼已经成为加强家族管理的重要手段和方式。

图4-4　江南第一家（吴拥军　供图）

三、郑氏家范的当代影响

受到郑氏家族的影响，浦江地区的百姓也格外重视孝道。吴健，一个出生于 1990 年 5 月的浦江男孩，因一边上班一边照顾瘫痪的母亲而被评为"浙江孝贤"。

2014 年 8 月的一天，吴健的母亲在家清洗窗户时不小心摔倒，头部先着地，当场昏厥。经过抢救，吴健的母亲因脑部损伤，下半身丧失了行动能力，语言功能也几乎完全丧失。这一意外打乱了家庭原本的平静。

在母亲住院期间，吴健请了长假。他每天帮母亲擦身、做肢体康复。母亲打点滴、做雾化时，他从不离开，一直陪在母亲身边。只要天气好，他就用轮椅推着母亲去医院走廊上晒太阳。虽然吴健知道母亲可能无法完全理解他说的话，但他还是坚持与母亲说话。

"我知道妈妈不一定能听得进我说的话，但我希望妈妈知道，不管发生什么事，我都会一直在她身边陪着她、照顾她。"吴健说。由于父亲需要长年在外跑长途运输，照顾母亲的责任主要由他来承担。

母亲出院后，吴健也该回公司上班了。由于公司离家很远，他白天没法照顾母亲。"我想好好照顾妈妈，把她带在身边。"吴健说道。于是他在公司附近租了一套房子。

每天早上，吴健需要六点起床，帮母亲洗漱，喂母亲吃饭，然后自己匆忙吃好早餐，将水杯和水果放在母亲身边，再立马赶往公司。出门时，他习惯性地打开电视机，希望家里有声音陪伴母亲，让她不那么孤单。

中午，吴健只有一小时的休息时间。因为时间太短，他没办法给母亲做午饭。所以中午下班后，他会以最快的速度买好快餐带回家。"回家后，我要帮妈妈换好尿不湿，喂她吃饭。"吴健说。一小时很短，他经常随便扒几口饭就去上班了。

自从母亲出了事故后，吴健每个夜晚都不能熟睡。每天夜里，母亲都会因为身体疼痛而惊醒并呼喊，稍有一点动静，吴健就会立刻醒来帮母亲按摩身体缓解疼痛。

每天晚上十点，母亲睡下，这时候，吴健才有属于自己的时间。"虽然母亲睡下了，但我还是不敢外出，因为她随时可能需要我。"吴健说。朋友每次约他，他都会婉拒。大部分时间，吴健的娱乐活动就是在家玩手机，还不能玩太久，否则睡晚了没精力照顾母亲。

母亲出事后，吴健的父亲回家的次数比以前多了。"但每次爸爸回来，我都会叫他好好休息，照顾妈妈的事情由我来做。"吴健说。因为父亲跑长途运输很辛苦，他不想给父亲增加负担。

2018年上半年，吴健和父亲商量后，将母亲送到了公司附近的一家养老院。"白天妈妈一个人在家，我还是放心不下，养老院有专业护工二十四小时照顾，比我更专业。"吴健说。养老院离公司也近，他几乎每天都会去看妈妈。虽然身边很多人觉得他很辛苦，但吴健却说："这是我的责任，我会一直陪伴妈妈度过她的后半生。"

2015年，中央纪委国家监委网站推出"中国传统中的家规"

专栏。第一期"郑义门：孝义传家九百年"就是以浦江"郑义门"为主题，称赞其"家风促廉洁：173 人出仕无人贪墨"。此后，"173 人出仕无人贪墨"成了郑义门家风的重要标签。

　　然而，对郑氏后人来说，虽然近千年前的家规或许已经不具有操作层面上的意义了，而且族人同居的生活模式也无法在当代延续，但是清廉、公义的价值观不会随着时代改变。郑氏先人制定的周密家族律法体现了励精图治、严格治家的精神追求。这种价值观值得后人传承和弘扬。

第五篇

四明史氏

崇学孝亲，知人善用

　　四明史氏家族是南宋煊赫的官绅之家，也是整个宋代罕有的"三世为相"的相门之家，人谓之"一门三宰相，四世八公卿"。四明史氏家族人才辈出，在各个领域都卓有建树。政治方面有史浩、史弥远、史嵩之等，他们有的多次拜相，有的独任相位长达二十多年，对南宋政治产生了深远影响；文学方面有诗人史弥宁、文人史公斑等，其才华得到后世评论家的赞赏；学术方面有史浩、史蒙卿等，他们一方面推崇和宣扬乡贤之学，深耕陆学和朱学，另一方面积极发展和传承家学；此外，还有在朝野上下都享有盛誉的道德型人物，如"八行先生"史诏，以及退避乡里的"独善先生"史弥巩等。

　　尽管四明史家在南宋如此煊赫，其相门之盛却发端于一个寒素之家。他们从寒门逐渐崛起为望族，随着南宋的覆灭，史家的繁华也随之湮灭。在史家由贫寒走向兴旺的历程中，家训和家风起着至关重要的作用，并在不同的环境下发挥着影响力。

　　史家的家风中有许多值得称道，如孝顺长辈、和睦亲族、重视教育后代等，其中崇学孝亲的风气最为显著：一是在学识修养上崇尚学问，诗书起家，学脉不辍，重视后代教育；二是在人格修养上讲求道德，孝亲之名远播乡里。

史家不仅是四明的名门望族，还是南宋政治舞台上具有巨大影响力的家族。他们在政治方面最重要的遗产之一是善于用人。从两次拜相的史浩到后来的史弥远、史嵩之，无一不以善于用人和荐人而名载史书。几代史家人，选择虽各有侧重、各有不同，但他们秉持的崇学孝亲的家风、善于用人的才能却一脉相承，并产生了悠远绵长的影响，成为留给子孙后代及后世之人的宝贵精神财富。

一、崇学孝亲家风之源流

1. 史简及叶夫人

南宋淳熙五年（1178），史浩拜相，得以追封五代。但因北宋至南宋的动乱以及战火的破坏，其先墓无从考。尽管他自己对史家族谱进行了详细追溯，将第一代追溯至唐代书法家史惟则，第二代追溯至曾担任太子少保的史成，但当代学者对这一追溯持保留态度，因为追溯到一代和二代的时间已经过久，且这两位并不是官宦显赫的人物，资料稀缺，几乎无从考察。然而，这种追溯体现了一种古老的慎终追远的思想，显示了史浩对家族文化传统的重视。而对于第三代史简（1035—1057）及叶夫人的追溯，则有较为翔实可信的资料可供参考。

图5-1 史简像

史简英年早逝，做过当地的郡史。他留给后世最大的印象便是孝亲与良善。据传，他侍奉自己的继母非常之孝顺。在当时的鄞邑，每年端午节都会举行龙舟竞渡的民俗活动，史简的继母年事已高，却很想前往观看。史简不仅满足了她的愿望，而且质押了自己的工作服换得一些水果和酒来助兴，让年迈的继母感到开心。然而，当太守召他前去处理公务时，他的工作服尚未取回，故耽搁了好久才去见太守。太守因他耽搁了时间而大怒。同时，这个太守是个贪官，收受了不少贿赂，对百姓不闻不问，甚至酿成冤假错案且下令"杖平民"。史简心地善良，为之不忍，于是私底下命下人毁掉杖棍以保护百姓。奈何此事被太守发现，太守更为生气，于是大骂史简，并罢免了他的职位。史简回到家中，心中愤郁无处发，几日后竟撒手人寰。

史简的妻子叶夫人也被视为史氏家族发展历程中不可或缺的关键人物。她自幼静深婉淑，十九岁时嫁到史家，丈夫却不幸早逝。史家本来就不富裕，史简为了满足继母的心愿还需要"质吏服，以具酒果"。在顶梁柱史简去世后，史家更是萧然四壁，面临前途未卜的危机。祸不单行，史简去世后，他的幼子也去世了，家里只剩一个幼女。好在最终遗腹子史诏顺利出生，让当时的史家不至于绝后。周围人都劝叶氏改嫁以谋求生计，但叶氏"毅然有不可夺之志"——为了给自己的孩子提供相对较好的家庭教育环境，坚决不改嫁。她在吃不饱、穿不暖的情况下，坚持"杜门守义，勤于纺绩，而教子读书"，教导孩子要读圣贤之书，慕古人之行。在丈夫叔伯家的排挤下，她自立自强，终于成功立业，为南宋四明史家的光辉历程拉开了序幕。朱熹云："恭惟夫人，立我史氏。柏舟之节，共姜媲美。俎豆之教，孟母是俪。诗书起家，世登显仕。"将叶氏与共姜母、孟母相比，可见其推崇之意。可以说，没有叶氏的坚持、勤俭、智慧，就没有史家后来的"诗书起家，世登显仕"。

2. "八行先生"：史诏

在叶夫人身体力行的教育下，史诏（1057—1129）很早立下志向，严于律己，并逐渐成长为一个德才兼备的青年，其学识和德行颇为当时的士大夫所称道。在学识上，他师从四明"庆历五先生"之一的楼郁，学问有成，名扬乡里，乡里人有争斗不决的事情，不去官府，而找史诏裁决；在品行上，他"以孝行闻于乡"，曾言"无母之节，已无史矣"，发誓终身不离开母亲，每日尽心侍奉。他的学识和德行，令他在乡里赢得了极高的声誉。

大观元年（1107），宋徽宗推行教育改革，在原本的科举科目之外，"立八行取士科"。这一科目主要以德行取士，将人的品行分为八种——孝、友、睦、姻、任、恤、忠、和，并将每种品行又分为四个级别进行打分，以此评价士子，评分高者不仅可以免试入太学，还可以直接补官。于是，在当地享有极高声誉的史诏被朝廷"诏举八行"，有了做官的机会。但他因不愿远离母亲，拒绝赴诏。郡守前来找寻，史诏便和母亲一起迁居到东钱湖畔大田山，隐居起来。

值得注意的是，他拒绝做官的背后可能还有另一个原因：

当时正值北宋末年宋徽宗在位，朝政局势纷乱，奸佞当道，史诏对局势洞若观火，所做的选择也体现了"天下无道则隐"的信念。这种态度多少为史家的后代所传承，如史浩多次上书求退隐；史守之中年退隐碧沚，闭门藏书，与家乡诸公讲学为乐等。尽管史诏最终没有接受朝廷之诏，乡里仍然称他为"八行先生"，可见他在当地的声望之高、名誉之盛。

总之，作为四明史家发展初期的关键人物，史诏推动了家族崇学孝亲文化传统的建立，也增强了史家在当地的影响力，为家族未来的进一步发展奠定了基础。

3. 发轫：史师仲五兄弟

史诏与徐氏成婚，生五子：史师仲（1082—1124）、史师才、史师木、史师禾、史师光。这一代人虽然未有能飞黄腾达者，但都在各自领域做出了贡献。他们不但未曾背弃家族的文化传统，反而进一步扩大了四明史氏的影响力。

这五个孩子大多继承了父亲史诏树立的崇学传统——励志问学，诗书起家。其中，长子史师仲七岁便能写出流畅的文章，时常有让人眼前一亮的警策发言，在当地士大夫群体中广受好评。他还未成年便游历于太学，在太学的读书人中间颇有美誉，可见其学问有所成。最小的儿子史师光亦颇有才学，他自幼悟性很高，擅长记诵。史师木则是后来荣登相位的史浩的重要提携者，史浩力赞他"耽于典籍""美于词翰"，并直言自己在学问上多受叔父的指点："叔父木，优于学，浩以为师。朝夕质问疑义，反复切到。"史师仲、史师木、史师光虽有才学，但都未中第，而次子史师才则于政和八年（1118）中进士，顺利进入仕途，开启了四明史家从政的先河，更是被楼钥称为"吾乡之登政地者"。

在孝亲方面，史师木是一个典型的代表。他主于孝、睦于亲，广为乡人称道，甚至连当时入侵的金人都对他表示尊重。据传，建炎三年（1129），金兵攻陷四明，史师木携亲族二百五十余口人，乘船逃难，在海上暂避。金兵掳掠途中经过史师木家时，问俘虏："此何人家？"俘虏答曰："史孝子家也。"金兵听后，便以蜃灰在其门上写道："勿犯善人家。"随后金兵退归。史师木孝亲的名声得到了金人的尊重，让四明得以避免战火的蹂躏。

二、史浩与崇学孝亲家风之发展

1. 孝心昭昭

南宋四明史家真正崛起可追溯到史浩（1106—1194）这一代。史浩荣登相位，使史家跻身相门的行列。史浩的其他几个兄弟也在朝廷中担任要职。这一代人不仅在家族崇学孝亲文化的传承中起到了关键作用，还展现了在政治上善于用人的才能。善于用人这一特质日后也成为家族传承的重要一环，并延续至子孙后代。

史浩的仕途腾达之路起步相对较晚。在父亲史师仲去世后，史浩还只是一个乡里的小吏，收入微薄，时常陷入困窘之境地。有一次，史浩的母亲六十大寿。为庆祝母亲的寿辰，经济拮据但颇有孝心的史浩不得不向官府借钱，以购买酒食为母亲的寿辰设宴，此举颇有其祖上史简为母"质吏服，以具酒果"之风范。虽然困顿至此，但史浩之孝心昭昭。

然而，史浩借款之后却一时无法偿还，官府催债紧，他不得已跑到了越地避债。眼见乡试的日子一天天逼近，他却不敢回去参加乡试。万幸的是，他在越地避债时，留宿在了一位卖饼的老媪家中，老媪见其终日"郁郁怅望"，便问其为何，史浩一五一十地把自己借钱为母亲设宴的事情告诉她。老媪是善良之人，为史浩的孝心感动，也相信史浩是个人才，便出手相助，与他约定："我现在积攒了百千钱，是为处理我的后事准备的。现在我全都借给你，你好向官府还钱。如果你这次秋试中举了，就速速归还我。"老媪将自己为处理后事积攒起来的钱全都借给了史浩，此恩情可谓深厚。而史浩也是感恩戴德，时刻铭记在心。

年近四十的史浩，在此次秋试中幸运地考中了进士。虽然中举较晚，但作为史师才之后四明史氏家族的第二位进士，他承载着科举起家的希望。在历任余姚县尉、温州教授等地方官以后，他升为朝官，得到了宋高宗、宋孝宗的赏识，最终在隆兴元年（1163）拜相。当官以后，史浩的经济状况大为改观，他便回到越地，此时老媪仍健在，史浩派使者用华车迎接老媪，让她坐在大堂上，自己跪拜致谢，还提出要让老媪的儿子做官。

老媪听了以后，道谢却婉拒，只提出希望史浩能记得自己，时常帮助他们一家足矣。史浩不负所言，此后时常赈济老媪一家，其子史弥远亦能承其志，大力帮扶老媪的后人。这段由史浩的孝心衍生出来的恩情故事，在史家的发展过程中传为佳话，也展现了史家人不忘恩情、知恩图报的品质。

　　除了对孝亲文化的传承外，史浩同样致力于发扬崇学传统。他自己以诗书起家，考中进士，开启仕途，且在学术上有颇多著述，如《周礼天地二官讲义》《论语口义》《尚书讲义》等。其中，《尚书讲义》一书曾献给孝宗，并辑入《永乐大典》。《尚书》是中国古代的经典之一，是封建帝王的必修之书，也是众多士人的必读之册。《尚书讲义》凝聚了史浩对经典中的政治、道德、伦理等问题的诸多思考与认识。该书对尚书学也有一定的贡献，朱熹言"固于此书有所取"，肯定了其学术价值。史浩也并非仅专精于《尚书》，他的研习范围很广，从经史百家到佛教、道教之书，皆有所涉猎，可谓博求众学，力求贯通。此外，他还有不少文学创作，存诗五卷，近两百首，词曲四卷，《全宋词》收录了他的约一百八十首词。他的诗歌创作包括酬唱诗、咏怀诗、宫廷供奉诗等。他还参加过西湖学官诗社，与同僚赋诗属文，在诗文创作上也有一定成就。

　　史浩对家族后代的教育极为重视。他特别重视启蒙教育，亲自为家族里的学童创作编写了《童丱须知》。这本教材堪比著名的《颜氏家训》，在史家子孙的教育中起到了重要作用。《童丱须知》主要讲述了治家修身之道理，并以通俗易懂的"韵语"形式呈现，展现了史浩极具特色且在当时颇具前瞻性的教育理

图5-2　四明史氏太祖座像安位典礼（宁波市鄞州区东钱湖镇西村村委会　供图）

念：以晓畅易懂、鄙俚不文的语言，贴合儿童身心发展特点，向他们讲述治家修身的故事，在潜移默化中实现教育的目的。从《童丱须知》中，我们可以看出史浩对学问的重视和对后代教育的殷切用心。

除此之外，史浩还聘请了不少理学名师来家族的书院讲学，其中包括当时著名的陆学大师沈焕、杨简、袁燮三人。史浩为他们设立了家族书院，礼遇备至。于是，这三人便长期为史家的子孙后代讲学，传承和弘扬史家崇学的家族文化传统。史氏子孙在这种教育环境中获益颇多，他们中有些人在学术上颇有造诣，如史守之，他"潜心圣道，发藻儒林"，甚至还获得了皇帝的赞赏和嘉奖。

在传承崇学的家族文化方面，除了史师仲之子史浩外，史师才之子史浚也有不小的贡献。在家中，他推崇北宋司马光所著的家教课本《家范》，要求子弟言行举止合宜，家里的衣物和器物也不必追求时髦，杜绝华丽奢靡之风。史浚最大的嗜好就是学习《礼记》，尤其重视教育子女，时常在晚上给孩子讲《国语》《孟子》等书籍，传授他们其中的大义大理。树立家风家规、戒子弟尚素简、悉心教育后辈，史浚在传承史家崇学家族文化方面的贡献由此可见。

2. 知人善用

在家族文化传承方面，史浩不遗余力地发扬崇学孝亲；在政治方面，史浩善于用人，颇为人所称道。他两次官拜丞相，三次担任为帝王讲学的经筵，这种特殊的身份地位使其在用人、荐人方面显得格外出色。在史浩初次拜相以后，皇帝问他："当下国家最应该考虑的问题是什么？"史浩答道："什么都比不上收人才、保边境重要。"此后，他便以这两点为指导原则，向皇帝推荐了不少人才。其用人、荐人十分频繁，并且涉及范围广泛、数量庞大，其中包括王十朋、周必大等南宋名臣，陆九渊、朱熹、陆游等文化名人，以及陈谦、叶适等，有史料记载的共六十四人。

史浩用人有两个特点。第一是不受私谢，将功劳归于皇帝。据说有一次，宋孝宗对史浩说："爱卿所推荐的人当中，有一些人辜负了你，这你知道吗？"史浩听了，便说："为陛下推荐优秀的人才，这是我报答陛下的方式。我推荐一个人，并不会告诉对方，也不会自居他的恩人，所以他们大部分人都认为是自己凭才能得到您的赏识的，难免会有些自傲。但对我来说，推荐贤者是我的职责；若陛下能用这些贤者，便是对我的恩情了。"在荐人的过程中，史浩着力确保公正无私，推荐别人不会私下告知被推荐者，也不接受来自推荐者的私下感谢，并将这些恩情都归于皇帝。可见他忠于职守又历练老成，既保证了推荐人才的公平和公正，又极大地维护了皇帝的权威。第二是宽厚待人，不因怨废人。这个特点更为难能可贵。他曾推荐在湖州做官的陈之茂升迁至平江任职，但宋孝宗知道陈之茂曾在背后诋毁过史浩。于是他对史浩说："爱卿，你这是以德报怨吗？"史浩说："臣不知有怨。"史浩还推荐莫济掌管内制，然而莫济对他的诋毁比陈之茂还要严重。宋孝宗便问他："你不知道莫济在背后非议你吗？"史浩回答："臣不敢以私害公。"
尽管遭受陈之茂、莫济的诋毁，史浩仍然向皇帝推荐二人，做
到不因私怨废人，在公务上摒弃私人恩怨，诚不负"善于用人"
之名。

　　史浩对人的敏锐辨识能力和洞察能力不仅体现在推荐与任
用朝官上，还体现在选拔和册立太子的过程中。当时，宋高宗
唯一的子嗣赵旉三岁就去世了，且高宗自知已无生育能力，便
不得不考虑从宗族中遴选皇位继承人。他选了两个孩子：一个
叫伯琮，一个叫伯浩。他将两个孩子养在宫中，谁优秀胜出，
就立为太子。这两个孩子都很聪慧，但性格还是有所差异的。

图5-3　史民宗祠（宁波市鄞州区东钱湖镇西村村委会　供图）

伯琮较瘦，寡言；伯浩微胖，能说会道，情商很高。两个孩子在宫中长大，从六七岁一直到三十几岁，高宗和大臣仍然争论不休，对立谁为太子不能达成共识。其间，岳飞两次建言立伯琮为太子，引起了高宗的反感。史浩欣赏岳飞，但没有效仿岳飞的做法。事实上，他作为曾经任教东宫的"太子的老师"，对于两位皇储候选人的性情是十分了解的。他向高宗建言，安排了一场特别的考试，解决了选拔太子的问题。他先是让高宗安排两位候选人各抄写《兰亭集序》五百遍作为初试。身为老师的史浩在开考前特别提醒他们："君父之命，不可不敬从！"结果几天后，赵伯琮交了七百篇亲手抄写的《兰亭集序》，而赵伯浩一个字也没写，理由是自己的书法比伯琮好，所以根本不需要抄写。从这次考试可以看出，伯浩对于君父之命缺乏敬畏，性情轻狂，难当社稷大任。对此，高宗并未表态，而是隔天给两人各送去了十个宫女。身为老师的史浩又发言提醒："是皆平日供事上前者，以庶母之礼礼之，不亦善乎？"意思是说，这些宫女平时都是侍奉皇上的，你们以后母的礼节对待她们，这样做难道不是一件好事吗？这话是在暗示二位不要对这些宫女有非分之想。一个月后，高宗下令召回这二十名宫女，"具言普安王（伯琮）加礼如此，恩平王（伯浩）无不昵之者"。可见伯浩对君臣父子的宗法等级关系缺乏敬畏感。经过这两场特别的考试，伯琮胜出，于是被立为皇储，也就是后来的宋孝宗。在这场皇储选拔的过程中，史浩有识人和辨人之大智慧，通过以小见大的考试，完成了对两位候选人性情的考核，把社稷交给了可托付之人，不可谓功劳不大。

综上所述，史浩这一代人，作为四明史家兴起阶段的重要一代，在崇学孝亲家族文化的传承上做出了很大贡献。他们在家族内立下的规矩、留下的教育遗产为后续几代史家人所用。作为史家第一位荣登相位的重要政治家，史浩以善于用人的特质而享有美誉。这一特质在朝臣的荐举及皇子的选拔等方面得到体现，并为其后代所继承和发扬。

三、崇学孝亲之家族传承

1. 繁盛的顶峰：史弥远、史嵩之

世间万物都有自己的发展规律，盛极必衰，家族的起落沉浮亦不例外。在史浩去世后，史氏家族的发展并未停歇，而是随着后辈的崛起而进入繁盛时期。但繁盛的背后也隐藏着危机。史弥远（1164—1233）的仕途扶摇直上，在嘉定元年（1208）十月，他依靠诛杀韩侂胄的政治红利而位列宰相之位，并且在此后独相专权二十多年，可谓宋代之最。然而，在专权过程中，史弥远打压异己言论、结党营私、深度涉入王储的废立等做法引起了公众的不满，最终，他被冠以权臣之名，成了南宋历史上备受争议的一位宰相。其后代史嵩之官拜右丞相兼枢密使，成为史氏家族最后一位宰相。

尽管面临诸多争议，史弥远仍然继承和发扬了史家优良的

家族文化传统。虽然父亲高居宰相之位，但史弥远没有骄傲自满，没有像很多富家子弟一样不学无术，相反，他饱读诗书，潜心学习，并在十七岁时于朝廷组织的铨试中获得了第一名的好成绩，足见其才学之高，承续了史家一贯以来的崇学之风气。之后，由于一次轮对的机会，史弥远得以向宋宁宗当面阐述自己的政治主张。史弥远的政治主张不仅内容丰富完善，而且具有极强的可操作性，于是，他受到了宋宁宗的重视与关注。除了延续崇学的传统外，史弥远在荐人用人上也可圈可点。例如，周密在《癸辛杂识》中写："史卫王挟拥立之功，专持国柄，然爱惜名器，不妄与人，亦其所长。"他认为，史弥远虽然参与废立皇储之事以稳固自己的政治地位，还独相专权二十多年，但他仍然是一个爱惜"名器"的人。"名器"在这里比喻国家的栋梁和人才。对于国家的栋梁和人才，史弥远仍然持有爱惜、保护、荐举的态度，可谓继承了史浩的才能——善于用人、荐人。史弥远的侄子史嵩之也是一个毁誉参半的丞相，在用人、荐人方面的功绩也无可置疑，《宋史》中记载他"荐士三十有二人，其后董槐、吴潜皆号贤相"，也就是说，他所举荐的人里面出现了许多后世有名的贤相，如董槐、吴潜等，可谓眼光独到。

2. 衰落与重生：史吉卿、史蒙卿、史徽孙

　　淳祐九年（1249），史弥远的儿子史宅之（1205—1249）病死在同知枢密院事位上，从此，四明史家的发展进入了衰落期。之后，贾似道上台，在朝堂上大力排挤四明史家，导致史家人

图5-4　史弥远像

在朝廷中未能担任要职，这一情况一直持续到南宋灭亡。然而，政治上的得势与失势并非评判一个家族的唯一标准，即使在这种情况下，史氏家族崇学孝亲的家风依然代代相传。

之后的几代史家人在各领域都有建树。有以读书为乐者，如史吉卿。他是史宇之的长子，也是史弥远的孙子。他异常勤奋好学，"嗜学不舍昼夜"，收藏了大量书籍，并手抄数百卷帙，在书海中徜徉数十年。也有以学术见称者，如史蒙卿。他是史弥巩之孙，史肯之之子，是咸淳元年（1265）进士，后任江阴教授，学识十分渊博。史蒙卿拜朱熹为师，被认为是"得紫阳朱子道统之传"。他不仅著书立言，还到处讲学，在天台侨居的几年间，他有非常多的追随者。他还极具正义感，每当提及秦桧误国之事，便"反掌据床，具忠义之气形于色"。此外，还有以文学名扬者，如史徽孙。他是史实之之孙，史弥正之曾孙。他少时就失去了父亲，在祖母的教导下长大，他成长的岁月正值史家极盛时期，但他却从不沾染富贵子弟的顽习，潜心学习。族里长辈见到他后说："儿当以文名吾门。"史徽孙也不负众望，他有诗文若干卷传世，深慕陶潜之诗，并以此自拟，在乡党中得到好评。

宋末元初戴表元曾感叹道："几聚衣冠块作土，当年歌舞醉如泥。"如今衣冠已逝，歌舞不在，而上述史家人物以各自的价值观不断传承和发展着四明史家的崇学孝亲文化传统。他们为史家的发展画上了一个暂时的句号。

3. 史家后裔：史悠明

史悠明，浙江鄞县（今浙江省宁波市）人，是活跃于晚清及民国时期的政治人物，亦为中国近代重要的边疆问题及实业调查专家。他早年先后就读于上海英中学院和上海圣约翰书院，英文水平出类拔萃。毕业后，他在上海公共租界工部局担任英文总翻译。此种求学和工作经历让我们依稀看到了几百年前史氏家族的崇学家风在他身上得以延续。

在一次西藏贸易事务中，中英双方因语言不通而产生龃龉，他作为一个"受过英语、汉语方面良好教育，忠心耿耿且聪明智慧之人"，被清政府聘请为西藏江孜商务委员，受到当时英国外交官的好评。在这之后，他多次参与民国时期的重要外交事件。这显示出了史悠明具有出色的沟通能力和国际视野。

四、崇学孝亲精神之现代表现

"崇学"放在如今的环境下，便是对知识和人才的尊重，也是"读书改变命运"的理想。这是无数家庭对于生活的期望、对于学习的期许，也是社会文明进步的象征与标志。"孝亲"在当今社会或许有了更加丰富多元的内涵。有人选择遵从传统观念，"父母在，不远游"，在离父母近的地方就业、安家落户；有人选择追求更美好、更富足的生活，到大城市打拼，甚至移居海外，为父母提供更加充裕的经济支持。孝亲，可以是父亲节、母亲节的一声问候，也可以是在购物时看到父母喜欢的东西便顺手买下，给他们一个惊喜。各种形式的孝亲，不变的是孩子对父母的爱。

2019年的夏天，寒门学子林万东在工地上帮母亲搬砖时，收到了来自清华大学的录取通知书，这一场景感动了无数网友。林万东出生在云南省宣威市阿都乡的一个山村里。2019年，他的奶奶去世了，爷爷已是八十五岁高龄，长期独自生活。爸爸有腰伤，并不幸患上脑梗，失去了重体力劳动的能力，因而家里的经济压力全压在了妈妈一个人身上。林万东的妈妈四十一岁，因为没有文化，所以只能干和男工一样的重体力活，在工地上搬砖、背沙，十分辛苦。这样的工作导致妈妈身体暴瘦。他家里的其他手足都还未能独立谋生——姐姐在上大学，弟弟在读高一。生在这样一个家庭，林万东唯有负重前行。

经过不懈努力，林万东考出了优异的高考成绩，被清华大学录取。在高考结束后，他为了减轻母亲的负担，就到母亲工作的工地上帮忙搬砖。一天工作下来，他发现自己的手已经完全使不上力了，但母亲告诉他，这只是她平时工作量的三分之一。母亲出于心疼让他回去，但他仍然想为这个家出一点力。他利用自己所学给学弟、学妹补课，赚取一点生活费。他在日记中曾这样写道：

　　我知道，这个家庭的光明还远未到来，但我已经给家人带来了更多的希望。

人们常说"知识改变命运"，这对从山村里走出来的孩子来说是最真实的体验。

从接到录取通知书的那一刻起，我知道自己将开始一段新的生活，我不在意前方是艰难险阻，还是五彩缤纷，我只知道，这是一条新的路，而我将努力带着我的家人一起在这条路上走向幸福。

如今五年过去，已经大学毕业的林万东听从内心的召唤去往基层部门任职。他就职于中共昆明市东川区委办公室。他表示，这是考虑到离母亲近一些，自己好照应。

林万东展现了崇学孝亲文化的现代传承。我们看到了他在努力学习与追求人生目标上的自强不息，看到了他在孝顺父母和反哺家庭上的真诚与赤子之心，也看到了一段新的旅程将在未来展开。

第六篇

王十朋

植德积善，廉孝传家

王十朋（1112—1171），字龟龄，号梅溪，温州乐清人，南宋著名政治家、文学家。绍兴二十七年（1157），王十朋以"揽权"中兴为对，被宋高宗亲擢为进士第一，成为南宋第一状元。

梅溪，旧属左原，今属乐清市淡溪镇，是溪名，也是村名，更是王十朋的号。

明代《永乐乐清县志》记载，乐清县东北永康乡里，笔架峰在南，文笔峰在北，这里就是宋王十朋所居之地。从七岁开蒙到四十五岁中举，近四十年寒窗生涯，他都是在梅溪村度过。在短短十多年的仕宦生涯中，他刚毅正直，常常谏言，因"经学淹通，议论醇正"，被宋高宗御批"可作第一人"。

王十朋品德高尚，为政不欺瞒，坚守孝友之道和廉洁原则，并代代相传。更难得的是，王氏祖孙三代在诗书学问上保持着直接的师承关系。王十朋家族对教育极为重视，后代子孙多能传承学识和家风，其精髓体现于王十朋所著《家政集》中。

图6-1　王十朋纪念馆（乐清市淡溪镇人民政府　供图）

一、廉孝家风的家族起源

据王氏家谱记载，五代末，为了躲避兵乱，王十朋的先祖从杭州南迁到了地理位置荒僻的乐清左原。从后来的结果看，这不失为一个明智的选择：自从迁居乐清后，王氏家族繁衍不息，子孙后代枝繁叶茂。

然而，传到第七世，也就是王十朋这一代，整个家族仅存二十余房，其余各房由于战乱、无婚育等各种因素，已经绝户。更令人焦灼的是，这二十余房子孙，有的以农桑为业，守着本分的农家生活；有的虽然识字，但未能考取科举功名，无法扩大家业；更有甚者，连基本生计都无法维持，沦为仆役。

在家族渐渐衰颓的情况下，幸有王十朋祖父王格这一支"诗礼传家"，坚守家族的优良家风。到了王十朋读书时，王氏家族至少已有了三代的诗书传承。

王格天性淳朴，是族中令人尊敬的长者。在王十朋看来，祖父"以孝敬奉先，以谨厚持身，以勤俭兴家，以诗书教子"。在祖父的影响下，王十朋自幼就恪守儒家之道。七岁时，王十朋在私塾接受启蒙教育。这段时间，他与祖父一同探索山水之美，增长见识。有一次，祖父生病了，想吃鲫鱼。于是，王十朋拿起一根鱼竿，在院子的井边垂钓。旁人对他的这一举动感到奇怪，他解释道："我明白井里没有鱼，只是想通过这种方式向上天传达我的孝心。"

王十朋的父亲以教子读书为乐，他让三个孩子都从学，"不以家务夺其心"。他时常抄写古人的文章来激励孩子们，希望他们一朝科举成名，便能光宗耀祖。然而，王十朋连续四次参加科举都不中。在父亲重病时，他拉着王十朋的手，语气悲凉，"叹十朋福命之薄，以不得试为恨"。他未能亲眼见到王十朋高中，就撒手人寰了。

父亲去世的时候，王十朋已到而立之年。这应该是立德、立功、立言而有所成的年纪。但此时的王十朋仍是一介白衣之身。他深感自己"不肖"，对不起列祖列宗和父亲的期望，他如坐针毡，乃至产生了"先人既不及见矣，诸子又何必读书，以怀进取之心"的念头。

倘若按照这种消极的想法废读诗书，恐怕并不是王十朋的父亲想要看到的。王十朋转念一想，"圣人立身行道、扬名显

亲之教，为孝之终，虽不及荣之于生前，亦足以慰之于九泉之
下也"。最好的孝道便是鼓励子孙后代"立身行道，扬名于后世"，
这样哪怕不能让父辈在世时享受荣光，亦能让他们九泉之下安
息。念及此，遭受科举失利与父亲离世双重打击的王十朋感到
一丝安慰。

于是，在次年三月二十五日，他下定决心编纂《家政集》。
正如他在这本书的自序中所说：

> 采古圣贤之明训，与历代史传所载，仁人义士、
> 孝子慈孙前言往行之可法者，及吾先祖先父畴昔居家
> 所行之迹、所言之事，编为一书。

从一开始，他便想好了，这本书应该是王氏家族的修身齐
家之法。作为房中长子，他对弟弟及子孙后人负有不可推脱的
道德责任：

> 以告二弟及后世为吾子孙者，终身奉之，世世守之，
> 庶使君子之泽，百世不斩。

二、王十朋廉孝家风的内涵

1. 王十朋奉亲之道

王十朋的孝是有目共睹的。他作有《先君子去世五十日孤某入四友室睹平生遗迹哀号痛哭绝而复苏既而书四十字以寄罔极之思》《予自乙丑冬如临安赴补逮今凡五往矣是行也痛慈亲之不见伤幼儿之蚤死登途泫然因成是诗》《记梦》《某辛巳秋归自武林省先陇遂修亭宇浚溪流因思先人旧诗已随屋璧坏矣尚能记忆遂追和》等多篇情真意切的诗文，反复追忆尊亲。

他的孝亲观念更多体现在《家政集》中。他在《家政集》中反复强调，孝道是家庭的基本美德，礼仪则是起始，将"孝"置于家庭规范的首位。现存的《家政集》文本分为"本祖篇""继志篇""奉母篇""夫妇篇""兄弟篇"，提出"为子则能孝其亲矣，为兄则能友其弟矣，为夫则能和其妇矣，为父则能教其子矣"的理想家风。这俨然是受到儒家传统"五伦"观念的影响。

王十朋特别强调追溯祖先，在"本祖篇"中，他谈及祖辈源流。从高祖、曾祖开始，王家就一直秉持孝敬慈善的传统。曾祖父对其祖母和继母都极为孝顺，这种美德并非靠刻意学习，而是自然流露。其祖父和父亲也都继承了这种孝顺的品性，尊敬祖先，自律谨慎，勤俭兴家。从王十朋的祖父开始，王家秉持祭祀先人之道，每年以隆重大礼祭祖。清明祭祀更是从祭始祖之墓开始。这也被王十朋的父亲传承了下来，变成了一种家族的传统。

在"继志篇"中，王十朋着重诠释了父亲的生平行事，以及其中所体现出的价值追求，并将其提炼成王氏家风："先人至行，在于孝慈、友爱、笃志、好学，老不废书，死犹语及《孝经》。"追忆先人家风是为了更好地传承，王十朋立志与兄弟们一起"修身谨行，以尊先人之教，学忠与孝，以显先人之名"。

王十朋对父母的孝道奉养集中在"奉母篇"。他提出："事亲之道，以养为先；养亲之道，以敬为主。"尊敬父母首先要从孝养着手；而孝养父母的方式，最核心的就是尊重。他强调了尊重父母的伦理规范，以及孝敬父母的行为准则，包括：

> 坐不可箕踞，不可搔痒，不可摇膝……盥漱不可吐，床桌不可污慢，器皿不可毁伤，匕箸不可坠地，不可咳唾，不可叱狗。

继承父亲的意志，传承王家家风，在王十朋看来也是一种为人子的孝道。正如《左传》中所说："子之能仕，父教之忠，古之制也。"《论语》中说："三年无改于父之道，可谓孝矣。""孟庄子之孝也，其他可能也；其不改父之臣与父之政，是难能也。"但是，父亲的教育理念是不是都值得传承呢？王十朋对此亦有所思："为子者虽有孝思之心，其可成父之恶而遂不改乎！"他引用欧阳修的话来做注脚：

> 凡为人子者，幸而伯禹、武王为其父，虽过三年，忍改之乎？不幸而瞽瞍为其父者，虽生焉犹将正之，

死可以遂而不改乎？

如果长辈确实有错，改正才是至孝之举。

王十朋将孝养父母的方式进一步区分为两种不同的情境："养亲之道，养志为上，养体为下。养志者，士君子之养亲也；养口体者，庶人之养亲也。"对于士人和君子来说，他们不仅要遵循通常的孝道准则，关注父母的身体健康，还应当关注父母的内在想法。

但生活在一个以士易农的家庭，王十朋在孝亲时似乎不得不面临"养志"与"养体"的矛盾：

> 十朋虽幸为人兄，然昔居具庆之下，常在乡校间，一岁之中，居滕下间，多则两月，少则数日耳。意者欲求一命之匀，升斗之禄，以荣二亲于生前，效古人以志为养者。奈何逆罪不孝，天命数奇，年逾三十，此志未遂，而先人奄弃矣。

在本应该孝敬父母的时候，王十朋却将更多的时间花在科举考试上。这种安排意味着整个家族都寄望于他在科举考试中的成功，而这种期望又成为他对父亲尽孝的动力。

正如南宋士人陈宓在王十朋《家政集》的题跋中写的："梅溪先生詹事王公所作《家政集》四篇，大要不过孝廉二字而已。""孝"代表对待君主和尊长忠诚，"廉"则代表保持身心纯洁，遵守道德准则。由治家而及报国，是王氏后人代代相传的君子之德。

2. 王十朋廉政之举

在"继志篇"中，王十朋记载了其父的一句教导："居官当以廉为本。"此时他尚未为官，但内心暗暗发誓："他日不仕宦则已，倘或占一命，效一官，其可忘先人之教耶？"

当王十朋登上政坛的时候，正值金国频繁南下，南宋承受巨大压力。当时主战派与主和派之间争斗激烈，王十朋坚守反对和议的立场，主张大军御敌。他在朝堂上直言，只要提前准备，哪怕敌人再强大，也无须担忧；若是缺乏准备，即使敌人遇到了困难，也无益于己方胜利。

王十朋不乏谋略，在奏章中详细论述了和战问题的利害得失。他建议选拔声望高的将领，分驻在荆、襄、江、淮等地，将这几地作为防线。他推荐张浚担负收复中原的使命，并用激烈的言语指责主和派的史浩犯下的重罪。他还建议宋孝宗亲自出征，以激发士兵斗志，谋求战胜。

戴复古在《题泉州王梅溪先生祠堂徐竹隐直院谓梅溪古之遗直渡江以来一人而已》中言：

> 堂堂大节在朝廷，名重当时太华轻。
>
> 乾道君臣千载遇，先生议论九重惊。
>
> 人歌黄霸思遗爱，我颂朱云有直声。
>
> 一瓣清香拜图像，英风凛凛尚如生。

在地方为官时，王十朋更以廉洁品德闻名天下。他重视个人修养，严格要求自己，勤政清廉。

南宋乾道四年（1168），王十朋任泉州太守。泉州是一座繁华的古城，热闹非凡，让王十朋感到前所未有的新鲜。

尽管处处美景令人陶醉，王十朋却始终没有忘记本职。他创作《宴七邑宰》诗以表达他抚爱百姓的愿望：

> 九重宵旰爱民深，令尹宜怀抚字心。
>
> 今日黄堂一杯酒，殷勤端为庶民斟。

他希望下属时刻关心民众，"抚"字放在先，而督促履职则紧随其后。

为了不断提醒自己和同人，王十朋还在自己的办公地点放置了一块戒石，上面刻有宋太宗御制的戒言："尔俸尔禄，民膏民脂。下民易虐，上天难欺。"既不欺人，也不自欺，王十朋以"不欺"为座右铭，常以此自警。

王十朋刚到泉州上任不久，泉州就遭遇了八闽大旱，泉南地区受灾尤为严重，河沟干涸，农田枯黄，景象凄凉。按照惯例，他带领官吏和民众祈求雨水降临。一路上，百姓焚香祈愿，悲鸣声声，深深地触动了他的内心。他感叹道："清源太守鬓如蓬，未遂归农又劝农。农事正兴天不雨，谁能唤起老黄龙？"然而，王十朋并不是一个笃信天命的迷信者，而是一个实干家。他深入实地考察后，决定对沈田塘进行疏浚。通过开渠、引流等手段，他带领官吏和民众连通、疏浚了七个水塘，使得周围的河道和湖泊相互连接，形成了持续的水源。这项工程不仅使农田得到灌溉，还有助于防洪。直至明朝，这项工程依然使得八千亩良田受益，惠及百姓和乡社。

泉州有座闻名天下的石桥——万安桥。这座横跨在洛阳江上的石桥总长近千米，然而，由于江水宽广且湍急，再加上频繁发生的洪水，万安桥多次遭到破坏，重修的呼声很高。听取民意后，王十朋毅然决定重修万安桥。他亲自前往洛阳江两岸进行实地考察，得出结论：万安桥多次毁坏的原因是其桥梁无法经受洪水的冲击。于是，他果断采取了"分流减负"的方法，号召泉州民众在洛阳江上游建造水利工程，疏浚多条支流。这项举措不仅可以利用上游水源灌溉农田，而且减弱了洛阳江的水势，降低水位，削弱了洪水的冲击力，一举多得。为了纪念王十朋的贡献，泉州人民将"万安桥"更名"状元桥"。

在泉州曾有一座名为"忠献堂"的庙宇，供奉着北宋政治家兼名将韩琦。韩琦是泉州人引以为傲的人物，百姓四季不断地前来祭奠，香火不绝。然而，忠献堂却在俗务官员的管理下逐渐荒废。王十朋为此创作了《州治有忠献堂以韩魏公始生得名废于俗吏更以清暑今复之》：

相出相州生此州，巍巍勋业宋伊周。

后人莫要轻更改，别有堂名胜此不。

为了表达对韩魏公的敬仰之情，他决定修复这座庙宇，还额外修建了韩魏公祠。为此他写了《韩魏公生于泉南州宅故未有祠于典为阙郡圃有庵名大隐即之以祠八月戊子率同僚祠之》表达对修复工程的决心。

王十朋不仅体恤百姓，更将培养人才作为己任。《宋史》记载："起知泉州，十朋前在湖割奉钱创贡闱，又为泉建之，尤宏壮。"他利用自己的俸禄在泉州城中心建立贡院，为各县的士人提供学习的场所。每逢初一和十五，王十朋都会亲自前往贡院视学、讲学，了解学生的学业和生活情况。他还常常拜访地方贤士，召集学生进行讲学。这些举措不仅营造了泉州优良的学习文化氛围，还培养了一批批杰出的士人。

贡院竣工的那天，正值中秋节，王十朋在贡院举办盛大宴会，为前去赴京应试的泉州士子送行，他还以《观贡院画春景图》表达自己的心意和对赴京应试的泉州士子的美好祝愿。

> 梁栋翚飞气象新，画工妙思亦通神。
> 要令寒士皆春色，四景之中独画春。

王十朋作为泉州知州的时间虽然不长，但他对这座城市却怀有深厚的情感。他曾经登上岱山，走进南天禅寺。寺庙中有刻有弥陀、观音、势至三尊石佛的石壁。石佛约六米高，约三米宽，盘坐于莲花座上，庄严肃穆，神态生动。南天禅寺位于海边，环境幽雅，香火旺盛，是泉州的一处名胜之地。他在一块巉岩上刻下了"泉南佛国"四个大字，笔力苍劲，展现出独特的气韵和风采。

在晋江的灵秀山上，他将自己的一首七绝刻在一亭旁的巨石上：

> 小小精篮亦自奇，一峰灵秀蕴幽姿。
>
> 无缘细听山僧话，太守偷闲止片时。

　　他还喜欢泉州处处可见的刺桐花，并写下《刺桐花》，表达他对城市的热爱之情：

> 初见枝头万绿浓，忽惊火伞欲烧空。
>
> 花先花后年俱熟，莫遣时人不爱红。

　　然而，时光不长，乾道五年（1169），王十朋奉命调离泉州。泉州的男女老少涕泣阻拦道路，试图挽留他。《朱子语类》中有记录："去之日，父老儿童攀辕不计其数，公亦为之垂涕。"百姓为了挽留王十朋，甚至拆除了他必经的桥梁，他只好绕道而行，而百姓依然跟随王十朋，一直走到仙游枫亭，才含泪告别。

　　为了表达对泉州官民的感激之情，王十朋有诗云："我念泉人仍惜别，此身虽去首频回。"他离开了泉州，泉州人民对他念念不忘，为了纪念他，将之前拆除的桥梁修复，并命名为"梅溪桥"，在东街还建起了"梅溪祠"，四季祭祀不辍。

　　以孝传家、以廉从政，王十朋真正地将其家族的家风付诸实践。陈宓称赞他：

> 仰瞻新像凛清秋，犹带当时体国忧。
>
> 听断直教心悦服，抚摩端自意诚求。
>
> 遂令百世思嘅笑，不但三年绝叹愁。

图6-2　王十朋纪念馆三拱桥（乐清市淡溪镇人民政府　供图）

甲子一周遗爱在，后来多少踵前修。

朱熹评价他"疏畅洞达，如青天白日，磊磊君子也"。真德秀有"缅怀清风，益加敬慕。九原可作，非公谁归"之叹。王十朋对待父母以至亲礼仪，无不遵从礼仪之道；在与君王互动时，他也始终奉行道义之道。这种行为让他成了人们仿效的榜样，也成了社会的楷模，为人传颂，代代相传。

三、廉孝家风的后世影响

1. 子孙传孝廉

王十朋的孝廉家风对他的后代产生了深远的影响。南宋文人叶适说道：

> 绍兴末、乾道初，士类常推公（王十朋）第一。嗟夫，富贵何足道哉？能以公议自为当世重轻，斯孟轲所谓豪杰之士欤？

王十朋的长子王闻诗（1141—1197），字兴之，早年跟随父亲到梅溪读书。父亲归天之后，他继承了父亲的志向，坚守清正之道，毫不动摇于功利诱惑。他被派往江东地区，接替父亲的职位。在治理江东时，他的表现与其父一样出色。他以爱民之心及消弭害民之弊而闻名，成为家风传承的典范。

孙应时在《答王郎中闻礼书》中云：

> 尊兄下车以来，纲条井井，吏畏民服。比虽或闭合不出，而外无壅事之叹。诸邑凛凛，不敢少懈。治效甚美，闻之良亦欣慕……尊兄风采不患不振，纪纲不患不举；凡百官吏，不患不人人自新。

在时人看来，王闻诗的为人为政几乎是王十朋的翻版。王闻诗曾经请叶适为他修建的司马光祠堂作记，叶适在记中也写道：

> 绍熙三年，太守王侯闻诗改祠公郡东堂……公之乡已不得见，因其尝生也，表厉尊显，以明尚贤治民之本首，此侯之志欤！

由此可见，王闻诗的志向就是他父亲的志向。

叶适认为，王十朋的家风也传承至次子王闻礼（？—1206）身上。王闻礼向叶适表示，绍兴乾道之交，经历时局动荡，劳心费力，自己能领会父兄的心意，并将之融入自己的行为之中，步履如同一人，举止如同一手，内化于性情之中，贯穿古今之道，与父兄不合之处寥寥无几。

王闻礼曾被任命为湖北营田干官。在他任职期间，"泸帅张孝芳被杀，贼党多免死配流，过江陵"。王闻礼请求帅臣上书朝廷追究贼党之罪。庆祝节礼之后，官员按照往年惯例建议：留山棚，元夕张灯庆祝可如常进行。王闻礼却说："今年庄稼歉收，民众已经食不果腹，还要提前预备宴游吗？"他坚决反对这一提议。之后，王闻礼再次从蜀帅那里获得任命，被征召去辅佐军政。但他想到山棚还没有拆除，便毅然拒绝了这个职位。直到山棚被蜀帅除去，王闻礼才肯就职。时人无不赞叹他的高风亮节。

后来，王闻礼调任江东地区的转运判官。任职期间，他严格约束拾漏行为。不久后，地方上有三十万缗的钱财，他将这笔钱藏了起来，以备非常之时使用。这是个很有远见的做法。任职期间，他设法减少了拖欠的税款，减少了民众每月的赋税，还自掏腰包资助了广德的救灾工作。赵汝愚评价：

> 宣教郎荆湖北路安抚司干办公事王闻礼，故太子詹事十朋之子，重厚质直，有其父风，临事毅然，义形于色。

叶适记录了百姓对王十朋及王闻礼的崇敬之情，称他们"画像以祠，刻石以纪，扶舟以送，逆水而行，不曾间断"。在他看来，这种影响不仅仅停留在家族事亲，而且扩展到政治事务，王家的子孙无不勤奋工作，无不遵循教诲，世世代代承袭。这便是一个家族的优良传统。

好的家风影响不止一代，在王十朋的孙辈身上，我们也看到了孝廉家风的传承。王闻诗的儿子王夔同样是王十朋家风的传承者。王夔曾担任兴化通判，与叶适交好。叶适认为他继承了祖先的德行，传承了家族的家风。在《王通判挽诗》中，叶适直接表达出王夔是梅溪家学传承者的观点，将王夔定位为王十朋家学传承的佼佼者：

> 祖德风规近，诗流句法超。
> 已多山邑政，恰少省即招。
> 旅馆身俱寂，传家道未消。

　　长令汉杨震，名逐左原标。

　　王闻礼的长子、王十朋之孙王仲龙同样不坠家风。王仲龙曾为江淮宣抚司准备差遣，在嘉定六年（1213）担任了泉州安溪县主簿一职。这时候，陈宓作为安溪知县刚好任期结束，他在《宰邑垂满喜与王梅溪孙主簿合并承入秋闱当别两月其可无诗以志此恨》（二首）中有"闻孙雅有祖风烈，想见霜袍万眼环""两家事契几人同，一见风流忆乃翁"之赞。王仲龙孝敬父母，为官廉洁，温和谨慎，品性正直，给陈宓留下了好印象。

　　王仲龙还有一个重要的身份——《家政集》的最初刊刻者。读了《家政集》，陈宓感动落泪。他由此了解到王氏家学的渊源，也体悟到了自己的不足之处。他再三感叹："梅溪之子为郎，娄易麾节，再世通显。相传田不过五百亩，萧然一书生。呜呼，兹其未可量也已！"陈宓认为王氏家学一脉相承，故王仲龙有刻《家政集》的举动。在陈宓看来，即使王十朋科举没有成功，但由于他的祖先已积累了丰富的善行和优良的道德品质，所以后代必定会涌现出杰出的人才。这就如同种下种子必然会有收获一样。

　　由王仲龙刊刻后，《家政集》的影响渐渐延及社会。这本书最初有两个版本。第一个版本由泉州林氏保存，第二个版本在陈宓《跋梅溪王先生〈家政集〉》中有所提及，"永嘉赵君崇端得其门人所传本，比林本尤为详备"。

　　林氏是泉州的名门望族，唐德宗立双阙以表彰他们的孝道。王十朋任泉州知州时，与林孝泽结交甚笃，林孝泽也因其廉洁而闻名，他的儿子林榕和侄子林虚都成了王十朋的门生。王十朋还为他们题写了多首赞诗。林家以王十朋的赞诗为荣,将王十朋视为楷模。林家保留了《家政集》的传本,两个家族都以孝顺家长、廉洁从政而在历史上留下卓越名声。

而被称为"永嘉赵君崇端"的赵崇端是当时的泉州征官,他是乐清人,在嘉定十年(1217)中举人。古代乐清地区属于永嘉郡,所以他被称为永嘉赵君。根据真德秀的记载,赵崇端曾主持重建王忠文公祠堂的工作,故深受王十朋教诲的影响。征官是一个重要的职位,职责是征收税款,赵崇端将王十朋视为典范。

王氏一族深厚渊博的家学、严谨求实的家教、诗礼相传的

图6-3　梅溪草堂活动(乐清市淡溪镇人民政府　供图)

家风，继承和发扬了儒家以孝为本、以廉从政的思想。这不仅是王十朋一生追求的理想，更成为其他家族效法的典范。王十朋《家政集》及王氏家风，对于今天仍具有借鉴意义，值得研究，值得弘扬。

2. 孝廉新时代

古语有云："永言孝思，孝思维则。"而今有颂："清正在德，廉洁在志。"在中华民族的优秀传统文化中，不仅有着独特的孝道文化，而且有着丰富的、系统的廉政文化。王十朋的家风正是优秀传统文化中孝道与廉政并重的典范之一。

如今，王十朋第二十六代裔孙王新棋已年逾八旬。他生长于王十朋的故乡淡溪镇，毕业后历任四都乡桥底村林业队长、出纳、生产队长。1991 年，王新棋调到四都乡担任分管农业的副乡长。当时，乐清正在召开王十朋逝世 820 周年纪念活动，乡长说："老王，王十朋是你的祖先，这个会议你去开。"从那时候开始，王新棋才渐渐地知道自己的这位老祖宗。

这年的 10 月，陈坦村一位名叫张候元的老人来政府找王新棋，商谈修葺王十朋坟墓的事宜。张候元说："你是王十朋的后代，你太祖是好人，更是名人，你一定要答应我将他的坟墓修好。"王新棋深受触动。当他看到一个外姓人如此迫切地希望修复自家祖先的坟墓时，他无法置身事外。他心中暗暗立誓，要让大家知道这位八百多年前的祖先对国家和社会做了何等贡献。

之后，乡党委指名让他负责王十朋坟墓的修葺工作。从那时起，他主动担负起了弘扬王十朋精神的责任。1995年退居二线后，他将全部精力投入到建设王十朋纪念馆、梅园中。他每天早出晚归，却不收半分钱工资。十多年间，他向全国各地书法家寄出了一万多封信，为梅园求来了二百二十副楹联。王新棋说："我作为王十朋的后裔，有责任把这件事情做好，把先祖爱国爱民的精神和他的家风家训发扬光大。"

对于为官者，孝与廉是相通的，孝以促廉、廉以尽孝，两者相互联系、相互促进、相得益彰。由孝道文化与廉政文化结合而成的孝廉文化，穿越时空隧道，给今天社会的发展带来了重要影响。

走进新时代，全国各地都在开展孝廉文化建设、孝廉故事讲述活动。在王十朋任职过的古城泉州，如今已经出现了一条新的孝廉文化研学线路。从东湖亭到二公亭、苏氏家庙、急公尚义坊、南少林寺、七里庵，孝廉文化氛围扑面而来。

推崇廉洁，要求官员高度重视个人操守，不为外界的干扰和引诱所动摇，经得住外在的考验，保持对个人修身立德的清醒认识，确立正确的价值观和政绩观。这样才能成为治国安邦的可靠支柱，才能胜任为国家和人民谋福祉的重要职责。

　　廉洁是爷爷用过的耙，常犁犁思想的土，一日三省吾身；廉洁是妈妈烧的一道菜，小葱拌豆腐，清清白白做人……

将廉洁教育与家风家教、青少年教育相结合，已经成为越来越多地区的做法。在弘扬孝廉文化和加强"官德"建设的过程中，王十朋家族的价值观犹如一股源自数百年前的清泉，至今依然滋养着我们。

第七篇

陆游

位卑未敢忘忧国

陆游（1125—1210），字务观，号放翁，越州山阴（今浙江省绍兴市）人。他是宋代杰出的文学家、历史学家与诗人。提起陆游，我们最先想到的可能是他那传奇而坎坷的人生。他的一生经历了北宋因不敌金人兵势被迫南迁，见证了南宋从知耻而中兴再到衰落，还目睹了北方游牧民族无休止的侵扰。陆游一生八十五年，历经宋朝五代帝王，堪称一幅悲壮与豪迈的历史长卷。

如果让读者用一个词语概括陆游给后世留下的最宝贵遗产，那么一定是"爱国主义"。

死去元知万事空，但悲不见九州同。

王师北定中原日，家祭无忘告乃翁。

《示儿》这首诗已经和陆游这个名字紧密相连，是一篇壮士豪情的宣言，展现了严冬寒夜里的家国情怀。即使身死魂灭，他也想听到王师北定中原的消息。

南宋是一个充满矛盾的年代。南宋士大夫，犹如飘飘柳絮，随风而动，缺少坚定的意志力。他们多是仕途之人，习惯了宫廷的权谋，却不懂军略之要。繁花似锦的宫廷虽美，却隐藏着权谋的荆棘。而当北风呼啸而至时，他们惊慌失措，无所适从。或因畏惧权势，或因习惯了优柔寡断，往往在大势面前，不知所措，失去了应有的果断和担当。总体来说，南宋士大夫多是优雅的绅士，却罕能成为历史的巨子。

然而，南宋也孕育出了许多铮铮铁骨的英雄。如抗金名将宗泽，戎马半生，立志恢复中原。直至弥留之际，子孙拂榻而泣之时，他怒目圆睁，大呼三声："渡河！渡河！渡河！"说罢便气绝离世。如思想大家陈亮，力主反击夺回失地，晚年登多景楼凭栏北望，仍满怀雄心地诵道："小儿破贼，势成宁问强对！"由于书生的文弱，南宋陷入萎靡不振之境。正当南宋积重难返而备受欺辱时，历史赋予了那些不屈之士抒发爱国之情的机会，他们热爱着这个朝代，扛起了恢复中原的重担。他们的存在如茫茫宇宙中闪烁着的恒星，虽然不能照亮长夜，却提醒着当时与后世的人们，让他们相信光亮。

爱国主义是一种伟大的情感，是对国家和民族深沉的热爱。它不仅是个人的情感表达，更是一种责任、一种使命。中国历史的长河中涌现出许多伟大的爱国者，而陆游无疑是其中的佼佼者。他的爱国主义思想，作为一种家风激励着陆姓子孙，也作为一种民族精神激励了一代又一代的人，成为中华民族气节的重要组成部分。

一、爱国主义家风的孕育

爱国主义家风，早在陆游出生之前就已在陆氏一族祖先的心中深深地扎根了。这一点鲜活地体现在了陆游的祖父陆佃（1042—1102）身上。陆佃是北宋一朝大儒，年轻时师从王安石。陆佃向王安石求学的经历异常艰辛。王安石在当时已名扬四海，成为一代大家，而陆佃却默默无闻。为拜王安石为师，陆佃跋山涉水。一次陆佃泗水过河，突遇山洪，几遇不测，幸得艄公相救方才脱险。然而，尽管拜师之路艰难如此，且成为重臣王安石的门生意味着一世富贵和盛名，但陆佃没有完全依附王安石，而是依旧坚持自己的原则——爱民。当时正值新政改革，陆佃不仅是王安石的学生，更是他的参谋之一。王安石多次请教陆佃，询问他的独到见解。面对新政的成就与当时朝野的吹捧，陆佃并没有讳言其中的危机。他以真诚的态度为王安石提出建议，指出新政的推行给农民造成了更大的困苦。

陆佃与王安石的辩论集中在当时的青苗政策上，该政策的本质是政府主导的劝业借贷。在中国历朝历代，困扰农民的一个重大问题，甚至可以说最大的问题，就是民间的高利贷。务农就会有丰歉，丰年尚且好说，但歉年时农民就只能借贷以果腹。而有余粮的人家趁机放贷，利息高达所借款、所借粮的几倍以上，农民为求活命也只能同意。这样，歉年一过，许多农民无力还债，只能把土地出让给债主。失地之后，贫农沦为佃户，生活更加艰辛。青苗政策的初衷是针对这一弊端，以官方借贷取缔民间贷款，缓解民困。对于这项政策，王安石志得意满。然而，陆佃却看到了青苗政策潜在的危机。青苗政策的执行偏离了初衷。官方借贷为那些心怀不轨的官吏提供了冠冕堂皇的理由，他们强行摊派官方借款给农户，以期从中赚取利息。其他官员则为追求数字上的政绩，在农民不需要贷款的时候强行下放借款指标，甚至当天贷款当天索还。看到这些，奉行"民贵君轻"思想的陆佃自然不会坐视不理。他向王安石直言劝谏，还指出王安石陶醉于溜须拍马。可惜的是，王安石并未过多考虑陆佃的建议，甚至之后再未重用陆佃，只委他以闲职。陆佃追求的是为生民立命，为百姓的幸福而努力。这正是真正的爱国主义思想所坚守的出发点。

陆游的父亲陆宰（1088—1148），可谓继承了陆佃心系百姓的风范。历史上关于陆宰的记载并不多，但这并不影响他高洁的品质在史册的字里行间闪耀。陆宰曾在海门（今江苏省南通市）做官。在任时，他组织百姓兴修河堤，引长江水灌溉农田。"三代"尧、舜、禹中的禹就是因为治水得力被时人爱戴。究其原因，就是对于以农为本的文明，水是民生的重中之重。历代凡牵挂民生之士，无不奉治水为执政的首位。陆宰显然就是这样一位心系百姓的官员。

壮年时，陆宰遭逢靖康之变。皇帝连同太上皇突然间被金兵俘获，半壁江山为金人所占据。陆宰随着朝廷一同南迁。不久，宋高宗即位，并以向金朝进贡为代价换回被俘的太上皇赵佶的遗骸。宋高宗是位有血性的皇帝，奋发图强，一心恢复宋朝基业。然而朝堂众臣大多以求和为主。赵孟頫有诗句证曰："南渡君臣轻社稷，中原父老望旌旗。"

　　偏偏陆宰是一位爱国爱民的君子，即使能够苟全于一时，他亦不屑为之。在朝堂上，他大胆建言，力主抗金。但时势毕竟不是个体能够改变的。最终，他对时局彻底失望，辞官归乡，郁郁而终。

　　陆氏一族的爱国主义家风，经过陆佃、陆宰两代人的培育，最终在陆游身上得到了淋漓尽致的体现。陆游少年之时，正值宋军溃败，朝廷南迁。他回忆当时的情景："淮边夜闻贼马嘶，跳去不待鸡号旦。人怀一饼草间伏，往往经旬不炊爨。"颠沛流离之中，陆游体会到了百姓的疾苦，亦体会到了国与民的休戚与共。少年老成的陆游，在流徙路上叹道："穷达得非吾有命，吉凶谁谓汝前知。"他明白政权更迭对于遗民的痛苦，为了不让更多人经历此种痛苦，他坚定了自己贯彻一生的爱国主义信念。安顿下来之后，陆游继续接受爱国主义教育。他常常听父亲、祖父与好友们谈论时局，当谈到靖康之耻时，他们"或裂眦嚼齿，或流涕痛哭"。这种深沉的情感烙印在陆游的心灵深处，为他一生的志向与追求指明了方向。

　　童年的陆游已经明白，将收复失地这样的号语只停留在口头上，对现实是毫无裨益的。因此，为了实现自己的志向，他努力用功读书。"我生学语即耽书，万卷纵横眼欲枯。"少年陆游沉浸于书海之中，搜寻救世良方，用功之深竟至患上眼疾。他自述道："少年读书目力耗，老怯灯光睡常早。"如此用功，究其原因，除了他生性聪颖好学之外，当然亦有他深切的报国信念。

陆游读的书，不仅有经史子集，亦有兵法韬略。他要成为一个能文能武的擎天之才，挽狂澜于既倒，扶大厦之将倾。由于有这个志向，陆游在武装头脑的同时，也武装身体。他坚持练习剑术，希望有一天能为恢复中原而奉献自己的生命。

二、初入仕途：爱国主义家风的形成

少时的经历对陆游产生了深远的影响。纵览陆游的一生，我们可以发现，他在幼时树立的爱国情怀成了他之后为人和为官的指南。

君子厚积而薄发。青年陆游并没有急于出仕，而是继续造访名师，研读经典，专注于知识和见识的积累。直至二十八岁那年，他成竹在胸，方才进入朝堂，以其才学报效国家。

是年，陆游入临安，参加锁厅考试，即官员及恩荫子弟的考试。这场考试的主考官是陈子茂，陆游的答卷在阅卷后被评为最优。然而，这个成绩却引来了一场风波。这场考试，秦桧的孙子秦埙也参加了。因秦桧权势滔天，秦埙本来已经被内定为第一。然而，陈子茂不愿屈服于秦桧的压力，力求公正，以才取士，力推更胜一筹的陆游为第一。这样的做法也招致秦桧的记恨。之后，陆游再次参加礼部考试，名次也在秦埙之前。秦桧明确指示主考官，不得录取陆游。秦桧的干预导致陆游的仕途一度受阻，其中的原因，一方面，陆游抢占了他孙子的魁

图7-1　沈园陆游雕像（陆纪生　供图）

首之位；另一方面，秦桧在宋廷一直是主和派的代表，而自少时起就"中原北望气如山"的陆游，当然是主和派的障碍。就如同父亲陆宰一样，陆游的官场失利是政治斗争的结果，是南宋一朝苟且偷生的朝廷大臣们对爱国志士排挤打压的缩影。

在陆游被秦桧剥夺入榜资格的那一年，秦桧再次舞弊，贿赂考官，使秦埙得以高中状元，他的另外两个孙子也名列前茅。然而，宋高宗在阅读试卷之后，发现秦埙的行文、观点与秦桧如出一辙。不愿永世做偏安之君的他，下令将秦埙降为探花，另选主战派的张孝祥为状元。从这件事中我们能看出，在朝堂之上，主战派、主和派的斗争十分激烈，即使是位高权重的君王也被卷入其中。

直至秦桧寿终之后，陆游才受到朝廷任命，出任福建宁德主簿。不久之后，他又调任京师，担任敕令所删定官，负责为皇帝颁发的政令进行文字校对。陆游的经历可以作为时局变迁的风向标，职位的调动标志着原本式微的主战派因秦桧的去世而得以重新崛起。陆游万分珍惜被任用的机会，不是因为他爱慕官位，而是因为他终于可以有机会为国为民一展抱负了。

有一段时期，高宗沉溺于北方官员进献的各种珍玩。陆游仿佛从高宗身上看到了书画皇帝赵佶的影子。经历过昏庸皇帝带来的国家动荡，陆游毅然上谏，指出高宗沉迷玩物会失德。高宗也是一位善于听从建议的君主，随即摒绝珍玩。作为一位爱国者，陆游之所以勇于提出批评和建议，是因为他关心国家的未来和民众的福祉，是因为他对国家充满热爱和责任感，希望通过直言上谏来改变国家的现状。

　　隆兴元年（1163），宋孝宗即位。他发愤中兴，希望改变南宋寄人篱下的地位。他为被秦桧谗言陷害的岳飞平反，并提拔多位有意抗战的柱石之臣，陆游就是其中之一。孝宗赐予他进士出身，并亲自召见对答。陆游建言，新君登基，正是立规矩的好时候，朝中军中的陋习可以趁机一律禁绝。他所指的陋习主要就是畏缩怯战、贪图享乐的风气。若想收复中原，必须彻底根除这类陋习。作为一位爱国者，陆游无法容忍同僚中仍有醉生梦死之辈。在他看来，卧薪尝胆的勾践才应当是众人学习的榜样。

　　为了同样的目的，陆游在一封奏折中建议将建康（今江苏省南京市）和临安两地并重。临安濒临东海的位置不利于防御，又处七山一水之地，交通不便。南宋定都临安的目的，一方面是这七山一水可以作为防御入侵的天然屏障，另一方面是附近民田富庶，开垦后足供达官享用。秦桧在世时主导朝野舆论，倾力将都城迁至临安，旨在为自己权力的巩固提供基础。与之相反，陆游认为发展建康不仅能为中兴铺平道路，亦能团结万民，表明朝廷一雪前耻的决心。

　　在当时的朝局中，若是孝宗行事果断，锐意进取，未尝不能改写历史，完成光复大业。然而，孝宗虽被后世评价为一代明君，却有一巨大缺陷，即处事犹豫、迁延。这一问题有两个根源。第一，宋孝宗在位二十七年，其中多年受制于太上皇高宗，而晚年的高宗又失去了从前的雄心，与主和派走到了一起。基于此，我们可以看到孝宗颁布过许多自相矛盾的政令，例如，几次与金兵作战，明明大捷，他却要求将领们退兵。第二，孝宗本身也是问题的一部分。例如，孝宗憎恨朋党，致力于改变朝堂风气，鼓励大臣一心为公。然而，他自己看重的曾觌和龙大渊却是结党营私之人。没能彻底地自我反思，是孝宗行事矛盾和游移不定的根源。

　　然而，无论如何，在以陆游为代表的中兴能臣的辅佐下，南宋一度有了走向正途的迹象。陆游认识到政治上朋党的弊端，鼓励地位更高的张焘向孝宗直言："觌、大渊招权植党，荧惑圣听，公及今不言，异日将不可去。"可惜孝宗未能听进去，反而将向张焘提议的陆游贬出京城。呜呼，南宋之不兴，岂无凭证？被贬的陆游是悲愤的，他的悲愤缘于忠言不被采纳，更缘于他不能再为朝廷建言献策，只能眼睁睁地看着朝廷被奸佞把持。"位卑未敢忘忧国，事定犹须待阖棺"，就是当时他写下的诗句。即使远离政治中心，他仍对朝廷念念不忘，而心中万般不平，也只能留待后人评说了。然而，被贬斥仍不算完。曾觌、龙大渊一党不肯放过陆游，又翻出陆游结交张浚的旧事。张浚是孝宗中兴所倚重的大臣，被孝宗委任为都督，主导"隆兴北伐"收复失地的大业。当时，陆游在镇江任职，听闻此消息的兴奋之情溢于言表。他的心愿即将成为现实。但陆游仍是冷静的，在写给张浚的书信中，陆游劝说他从长计议："岂无必取之长算，要在熟讲而缓行。"张浚、宋孝宗及一众主战派大臣都被梦想冲昏了头脑。隆兴北伐，事起仓促，将领之间明争暗斗，互不服膺。此战以南宋大败而终，而朝中主和派也趁机重掌权位。陆游被他们诬陷"交结台谏，鼓唱是非，力说张浚用兵"，进而被剥夺所有官职，归乡静养。他明明建议张浚谨慎行事，却被污蔑为鼓动用兵，朝廷党争竟使是非颠倒到了如此地步。

　　与宋朝主流的派系斗争不同，陆游不追逐权势，也不参与党争，专注于为国家的繁荣和百姓的幸福而努力。他所追求的是南宋的复兴与百姓的福祉，而并非个人的荣辱。陆游所坚持的是陆氏一脉相承的家风，是真挚的爱国主义情怀。

三、宦海沉浮：爱国主义家风的成熟

　　赋闲在家，陆游试图将自己从无法实现的志向中解放出来："悟浮生，厌浮名，回视千钟一发轻，从今心太平。"他想放下自己精忠报国之志，但真的能做到"心太平"吗？江南多雨，每当夜深，凝视着窗外大雨，听着雷声如战鼓般撼动着大地，陆游愁绪万千。"慷慨心犹壮，蹉跎鬓已秋。"陆游发现，自己气血已然不复当年，但南宋仍是那个南宋，无尺寸长进。每念及此，陆游不禁涕泪涟涟。

　　在这样的愁绪中蹉跎四年之后，陆游终于又有了受用的机会。朝廷指派他担任夔州（今重庆市奉节县）通判。然而，夔州山高路远不论，远离北疆，更与他平生追求的复兴大业无涉。这一去，不知何时能回来，不知还能不能参与收复大计，奉献自己的才智。他又想到远在临安的庙堂诸公，他们迷恋权力，却一边把持权力，一边以权谋私，无所作为。即使是孝宗皇帝，也在北伐失利之后斗志渐失，不敢有所作为。

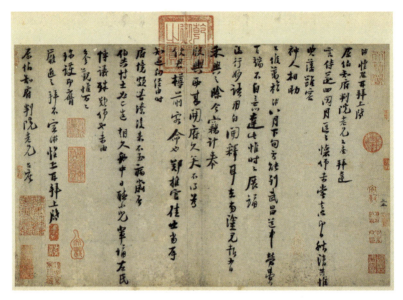

图7-2 《宋陆游书尺牍》 〔宋〕陆游 （台北故宫博物院藏）

　　愁思之中，陆游登上白帝庙，回忆白帝公孙述。公孙述是王莽乱政之后的一方豪杰，与刘秀争夺天下，最终在战场上被刘秀部将挑落马下身亡。"邦人祀公孙"，在陆游看来，是因为他"力战死社稷"。"丈夫贵不挠，成败何足论。"一代枭雄公孙述尚知为社稷而死，作为君王，岂可放弃恢复之志，北向称臣以求苟安？岂可因为一时失败而消沉？这是说给孝宗听的，也是说给陆游自己听的。陆游不愿一直被埋没，他的一腔热血还没有完全挥洒。三年之后，他自荐于虞允文，被调至王炎率领的南郑（今陕西省汉中市）前线驻军中任职。这是他人生的高光时刻，他终于有机会直面敌人。在赴任的路上，他只觉心情舒畅，阳光明媚："春风桃李方漫漫，飞栈凌空又奇观。

但令身健能强饭，万里只作游山看。"此去就任，虽路途万里，但他的心情格外轻松惬意。

边塞的生活虽然艰苦，但却充实。在这段时间里，陆游幼时的兵法和剑术修养终于派上了用场。他向王炎提出用兵策略和战术建议，多次随军出征御敌。他曾"独骑洮河马，涉渭夜衔枚"，于夜间突袭敌营，亦曾"铁衣上马蹴坚冰，有时三日不火食"，于寒冬征战荒野。一次，陆游在深林中忽遇恶虎。他凛然不惧，挺身而出，"奋戈直前虎人立，吼裂苍崖血如注"。同行众人见此情形，均面青如铁。自此，这一事迹在陇右边关流传。这只恶虎，既是真实存在的，又是对凶残金兵的一种隐喻。陆游想做的，不仅是屠虎，更是惩罚那些蹂躏北宋遗民的敌人。"虏暴中原久，腥闻于天。"枉死的中原万民必须得到祭奠。陆游希望为朝廷尽忠，杀入长安，解苍生之倒悬。"切勿轻书生，上马能击贼。"然而，造化弄人。国事不可为，非一人之过，解之亦非一人之功。正当南郑军秣马厉兵想要北进建功之时，王炎却被调回朝堂。临阵换帅，意思再明显不过：朝廷再次退缩了。南宋一朝，实力之强盛胜于金。中原遗民也日夜企盼宋军到来，不断组织起义抗争。但这一切都被偏安一隅的南宋朝廷挥霍殆尽。陆游疾呼："良时恐作他年恨，大散关头又一秋。"一年又一年，良机不断错过，留下的只有无限的遗憾。

陆游的一生都是在朝廷内耗的环境中度过的，他自己也是几经沉浮。一俟时机，他便上书帝王，痛陈收复故土的宏愿。只要有条件，他便尽心竭力，为国为民做实事。淳熙六年（1179），陆游为官江西，管理粮仓、水利事务。遇江西水灾，他及时开仓放粮，亲自到一线督办。淳熙十三年，陆游任严州知州，他实行惠民政策，重抚恤轻敛税，百姓无不感念。然而，绍熙元年（1190），六十五岁的陆游又因是战是和的路线问题而被何澹弹劾，被免官职。

宋朝的党争中，文人相轻，从无错中找错误，从好事里找坏事。比如丞相赵汝愚被人弹劾，原因竟然是他也姓赵，有谋权篡政的风险。满朝大臣若将党争一半的劲头拿来做实事，何愁国家不兴，大事不成？相比于他们，陆游才是真正的爱国志士。他的目光从不聚焦于高堂上的尔虞我诈，他关心的是民众，是国家：

> 巨浸稽天日沸腾，九州人死若丘陵。
>
> 一朝财得居平土，峻宇雕墙已遽兴。

陆游看到的是，黎民百姓在苦难中挣扎。面对这样的现实，有什么理由继续关起门来，结党营私、互相倾轧呢？

四、临终示儿：爱国主义家风的传承

文如其人，陆游的诗词中处处展现出他所继承的陆氏一族的爱国主义家风。梁启超有诗赞美陆游：

诗界千年靡靡风，兵魂销尽国魂空。

集中十九从军乐，亘古男儿一放翁。

　　梁启超认为，陆游的作品中有十分之九是抒发他从军收复中原志向的。这种说法可能确实有点夸张。但据当代人统计，陆游留存至今的诗词将近万首，其中一半是为表达自己北伐金人、收复故土的心愿而作的。这一数字已足够惊人，足以证明陆游爱国情之深，报国心之切，其一腔赤诚跌宕淋漓，令人一咏而三叹。

　　在陆游的诗作中，有许多脍炙人口的名句，而最著者，当属本篇开头引用的《示儿》。《示儿》之所以流传千古，不仅是因为其中包含了陆游晚年深沉的遗憾，也因为其中表达了他为国为民而百折不挠的精神。晚年的陆游为疾病所困扰。腰痛、肺疾、跛足等都在困扰着他。这些病痛一些与他年轻时发奋读书有关，一些是他仕途波折而致，还有一些是他从军而得。病痛剧烈时，他只能卧床，动弹不得。对一个生性豪迈的诗人来说，这无疑是痛苦的，陆游有很多理想仍未实现，但自己已日渐衰老，只剩一具病躯。陆游感叹道：

僵卧孤村不自哀，尚思为国戍轮台。

夜阑卧听风吹雨，铁马冰河入梦来。

　　在梦境中，陆游终于脱离了现实中可笑又可悲的争斗，重新踏入战场，在西域旷野中驾马驰骋，为收复中原尽一份力量。

开禧二年（1206），陆游听到了在世时的最后一个好消息：韩侂胄准备北伐。当时的金朝，已不复从前之强盛。蝗灾、干旱，再加上内部权力斗争，金朝已是摇摇欲坠。此时朝廷命韩侂胄率精锐虎师，直扑宋金边境。"大胜之日指日可待！"陆游想。"一闻战鼓意气生，犹能为国平燕赵。"战鼓擂动仿佛令陆游百病全消。他期盼着回到开封旧地，再吃一次汴京的春韭。可惜，这终究是南柯一梦。四川守将吴曦背叛南宋，自称蜀王。韩侂胄孤军深入，日思夜盼也没有等到四川的援军。宋军大败。这是陆游最后的机会，也是南宋最后的机会。

韩侂胄兵败回朝，不久便被主和派打为反派，遭遇谋杀。韩侂胄既死，又一批人被认定为他的同党，陆游也在列。也许，陆游终其一生也不明白，为什么那么多爱国志士被贴上"权臣""贼臣"的标签，为什么他的一颗拳拳之心竟如此不能得到理解，为什么他的南宋始终为奸佞小人所掌握。

怀着无限的遗憾，陆游离开了人世。他在《示儿》中嘱托子孙，记得将来光复宋土时来他的坟前告诉他。也许他早已想到，这个政权已然无药可医。也许他期待的是另一种勃兴的力量。也许他更想留下来的是这嘱托本身，是对陆氏后人乃至中国万世万民继承遗志、奋发有为的期许。

五、爱国主义家风的影响

陆游的爱国主义家风在其后世子孙中代代相传，成为家族之典范。他的诗词被后人频频引用，他的爱国主义情怀亦被天下人传颂，成为中华民族的宝贵精神财富，不断地激励一代又一代的爱国志士为国家发展贡献自己的力量。

陆游之子陆子遹（1178—1250），曾任溧阳（今江苏省溧阳市）令。当时，溧阳素以难治著称。陆子遹自告奋勇，就职溧阳。他发现当地难治不是因为百姓，而是因为邪教白云教与地方官员狼狈为奸、盘剥百姓，致使本不富裕的百姓谋生更加艰难，只能信奉巫术以求宽慰。陆子遹抓住问题之本，一方面对赃官严惩不贷，对邪教坚决抵制；另一方面治民生产，兴建学校。因陆子遹施行的政策，当地民风为之一变。陆子遹是一位爱民者，也是一位爱国者。他传承着陆氏一门爱国主义的家风，并在自己的岗位上贯彻着、坚持着。

陆秀夫（1235—1279）是南宋最后一位丞相。陆游后人珍藏的《山阴世德堂陆氏宗谱》中记载，陆秀夫为陆游的曾孙。他在南宋朝廷岌岌可危时为相，为这个朝代苟延残喘的最后一口气提供了有力的支持。当其他大臣感国之将亡而作鸟兽散时，陆秀夫坚持要为这个朝代流尽最后一滴血。崖山海战，是宋元最后一战，元军以摧枯拉朽之势击溃宋军水师。面对死局，陆秀夫无力回天，只能背着少帝赵昺投海。后世有人说陆秀夫愚忠于一个必亡的政权，有人说陆秀夫的死毫无意义。这些评论者没有读懂陆秀夫以生命书写的爱国主义精神。陆秀夫以自己的死成全了宋朝仅剩的气节，也为后世中国人展示了爱国的真正内涵。

爱国主义，既是具体的，也是抽象的。具体之处，就如陆游、陆子通所践行的，爱民、爱人；而抽象之处，则如陆秀夫，他代表着对整个国家和人民的热爱。单个个体无法自我防卫，也无法赋予生活以秩序，这样聚集起来只会是一盘散沙。只有成为国，心中有国家，才能实现这些目标。

一个国家的韧性就是爱国主义的核心所在。七百年后，中国内外交困，贫弱不堪。爱国主义思想在这时发挥了效用，滋养着无数砥砺前行的仁人志士。维新派先驱梁启超显然就是受到了陆游的深刻影响。"唯一有意大声歌咏爱国的诗人"闻一多一生崇拜两个人：一位是英国英雄主义诗人拜伦，另外一位就是陆游。1999 年，在闻一多逝世五十余年后，澳门回归祖国的怀抱。闻一多的后辈在澳门回归前夜，仿效《示儿》中陆游的嘱托，特意前往闻一多的坟墓祭奠，将这个好消息告诉他。

抗日战争时期，陆氏的爱国主义思想也在激励着中国人民。研究表明，当时报纸读物上刊登的陆游诗篇数量显著增多。记者、作家用自己的笔，借陆游的诗，鼓励民众发愤图强，一致御敌。

又如周恩来同志，他自幼喜欢读陆游的作品，常将陆游作品放在书案上，随时诵读。周恩来认为："宋诗陆游第一，不是苏东坡第一。陆游的爱国性很突出，陆游不是为个人而忧伤，他忧的是国家、民族，他是个有骨气的爱国诗人。"周恩来一生为国为民、鞠躬尽瘁，可以说也是受到陆游的影响。

即使在当今这个与历史相比天翻地覆的时代，陆游的爱国主义家风仍然广泛影响着中华儿女。爱国，是人世间最深层、最持久的情感之一，是一个人立德之源、立功之本。诚如是也。在任何时代，爱国主义都是人类不可或缺的情感。陆游的爱国主义家风亦将在今后鼓舞更多的有识之士为国家做出贡献。

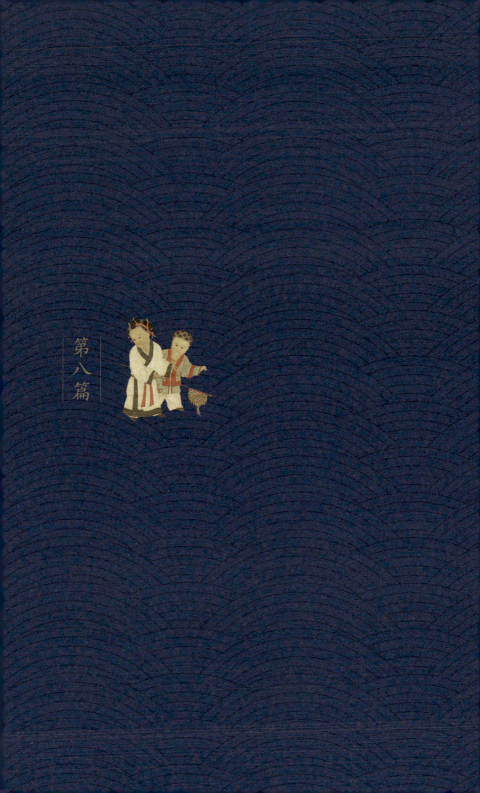

第八篇

吕祖谦

直言纳谏，振家兴邦

吕祖谦（1137—1181），字伯恭，婺州（今浙江省金华市）人。因吕姓郡望东莱，世称"东莱先生"。东莱吕氏是中国历史上最令人瞩目的世家大族之一，对北宋政治产生了深远影响。家族曾连续八代出过十七位进士、五位宰相，这与其历来的家教传统密切相关。作为一位著名的文学家，吕祖谦在学术文化上的贡献与其政治业绩仿佛车之二轮，鸟之双翼，使他和他的家族在宋代得以顺利前行和飞腾。人们对于吕氏家族津津乐道的是吕夷简、吕公著、吕本中、吕祖谦等杰出人物。

"一个家族能延绵数百年，其声华上足以抗衡天子，下足为士流所景仰……端赖于家法之谨严。"这种家教既包括文化教育，也包括家风的传承。吕氏家族敢于直言纳谏，人才辈出，对北宋和南宋的政治产生了深远影响，究其原因，正是在于家风的教化。这些成就的取得与其严格的家教、良好的家风有着密切关系。

吕氏家族知礼、尊礼，行事为官处处以礼为准绳，注重孝义和礼法修养。族人敢于直言进谏，以耿介、静默、清廉、知人善任为特征。吕氏家风中的"直言纳谏"对吕祖谦及其后代产生了深远的影响。

图8-1　故宫南薰殿旧藏《历代圣贤名人像册》吕祖谦像　（台北故宫博物院藏）

一、直言纳谏精神的形成

直言纳谏是四世祖吕夷简流传下来的家风，自他以后，吕氏历代后人将之铭记于心，以此作为自己行事为官的准则。吕夷简的直言纳谏精神对其后代及整个家族的价值观产生了深远的影响。吕氏家族的后代也一直坚守直言不讳的精神。有不少吕氏后裔都是思想家、学者、政治家等，他们在事业和生活中都展现了直言不讳、敢于担当的品质。

1. 四世吕夷简

吕夷简（978—1043）是北宋时期著名的政治家和文学家。他在政治生涯中以直言纳谏的品质脱颖而出。吕夷简有着独特的历史观，他认为历史应该被公正、客观、真实地记录，不能被篡改和歪曲。他坚持正义、追求真理、反对腐败，为后世留下了宝贵的精神财富。他的直言不讳也成为中国传统文化中弘扬正气、崇尚真理的重要表现。

咸平三年（1000），吕夷简进士及第，随后补绛州军事推官。没过多久，吕夷简改任大理寺丞，又先后担任过通州通判、滨州知州等职。当时，宋真宗为了修建宫殿从南方调运了许多木材。吕夷简直言进谏，表示一来朝廷要求的时间过于紧迫，导致工匠因此而死；二来冬季水运不畅，建议等通航后再恢复运输。看完吕夷简的奏疏后，真宗欣慰地回复道："观卿奏，有为国爱民之心矣。"

不幸的是，乾兴元年（1022）宋真宗突然于延庆殿驾崩，享年五十四岁。吕夷简辅佐的对象由器重他的宋真宗换成了宋仁宗。由于宋仁宗即位时尚年幼，朝政被太后刘娥把持，吕夷简作为前朝重臣，被封为同中书门下平章事、集贤殿大学士，正式拜相。相比于治理天下，吕夷简更加头疼的是如何制约权力欲极重的刘太后，为了劝阻刘太后的不当行为，吕夷简多次直言劝谏，惹得刘太后大怒。

多亏了吕夷简坚持原则，刘太后直到去世都没能实现登基称帝的野心，《宋史》夸赞吕夷简道："自仁宗初立，太后临朝十余年，天下晏然，夷简之力为多。" 明道二年（1033），宋仁宗亲政，吕夷简提出了"正朝纲，塞邪径，禁货赂，辨佞壬，绝女谒，疏近习，罢力役，节冗费"八条原则。不久后，吕夷简又与宋仁宗共同商议，罢免了刘太后重用的张耆、夏竦等大臣。

然而，郭皇后得知后却向宋仁宗表示，吕夷简当年同样受到刘太后的重用，只不过他"多机巧，善应变"罢了。因为郭皇后的一席话，吕夷简被罢免了相位，但不久后便官复原职。郭皇后脾气暴躁，一次与尚美人发生争执，竟误伤了前来劝架的宋仁宗。因为此事，宋仁宗打算废后，而吕夷简曾经因郭皇后遭贬，自然全力支持这一决定。郭后被废后，吕夷简又与同为宰相的王曾发生了冲突。当年，吕夷简对待王曾十分恭敬，后者则力荐其出任宰相，然而，拜相后的吕夷简逐渐轻慢王曾，与其产生了很多分歧。一气之下，王曾上疏弹劾吕夷简，称他收受贿赂。吕夷简则与王曾进行了一场面对面的论战，由宋仁宗担任"裁判"。一番舌战后，吕夷简、王曾犯过的错都被扒得一干二净，宋仁宗索性将二人都罢了相。王曾不久后因病去世，吕夷简则第三次出任宰相。庆历三年（1043），吕夷简因病去世。宋仁宗感慨道："安得忧国忘身如夷简者！"作为大宋王朝的股肱之臣，吕夷简因为敢于直言纳谏，被赋予了"大宋管家"的称号，实至名归。

吕夷简的直言纳谏精神在对政治和社会问题的敏锐洞察与勇于提出建议、对权力斗争的反对以及对清廉正直的坚持中得到体现。这种精神不仅是吕夷简的个性品质，也代表了宋代文化中维持政治清明、弘扬道德风尚的重要价值观念。

图8-2　吕祖谦像（孙媛媛　供图）

2. 五世吕公著

　　吕公著（1018—1089）从小刻苦好学，经常废寝忘食。父亲吕夷简对吕公著特别器重，说："他日必定为王公大臣。"吕公著的见解深切而敏锐。他气量宽宏而且学问出类拔萃，话语简练而富有哲理，遇到事情善于决断。如果对国家有利，他从不因个人利害而动摇公心，尤其敢于直言进谏。

　　北宋熙宁初年，吕公著任开封府知府。当时，夏秋大雨连绵，京城发生地震。吕公著上疏说：过去为人君的遇到灾害，有的因恐惧而勤政爱民以致福，有的因傲慢欺诬而荒于政事以致祸。陛下用至诚之心善待臣下，那么臣下就会思考如何尽忠诚来回报陛下。上下皆尽诚而异样天象却不消失的事，从来没有发生过。只要做君主的，去除偏听独任的弊病，不被先听到的话语所左右，就不会被荒谬的言论所混淆。

　　熙宁八年（1075），天空出现彗星，宋神宗下诏征求直言。吕公著上疏说：陛下希望治理好国家，然而环顾左右前后，没有人敢说真话、实话，导致陛下有治理好天下的雄心，却没有治理好天下的实际行动。这是任事大臣辜负了陛下。官吏的邪恶正直、贤能与否，已经在平素确定，而现在却不再如此了。前些日子荐举的人，被认为是天下最贤能的；可随后不久被贬逐，又被认为是天下最无能的。对人才的任用如此反复无常，那么对政事的处理也必然违背常理，不够审慎了。

　　右司谏贾易因为言事攻击他人短处，直接诋毁朝廷大臣，将要被严厉责罚。然而，吕公著替他说话，最终只将他贬官知怀州。吕公著退朝后对同僚说，谏官所言的对错暂且不论，眼下陛下正当壮年，他担心今后有谄媚奉承、混淆视听的人，因此需要依赖左右诤臣来纳谏，故不能使陛下轻易地厌烦评论时政的臣子。听了这番话，众人无不叹服吕公著。

吕公著因时劝谏，陈述事实，他身上的直言纳谏精神是非常典型的，也为之后吕氏家族的直言纳谏传统树立了良好榜样。

3. 吕祖谦祖父吕好问

吕好问（1064—1131），字舜徒，为吕公著之孙、吕希哲之子，出身官宦之家，寿州（今安徽省寿县）人。南宋初被封东莱郡侯，以荫补官。吕好问在为官的过程中，虽然屡次遭到罢免，但从未远离政治舞台，积极参与政事，谏言献策为国分忧，为民生操劳。吕好问初入仕途是凭借皇帝的恩惠封赏补授官职，崇宁初年，朝廷追查朋党的事情，吕好问因为是元祐朋党的子弟被废弃不用，后来两监东岳庙，司扬州仪曹。由于宋徽宗内禅帝位，宋钦宗准备下诏开解党禁，废除新法，恢复祖宗的传统，但蔡京及其党羽以中外之故阻挠了这一政策的实施。吕好问言：

> 时之利害，政之阙失，太上皇诏旨备矣。虽使直言之士抗疏论列，无以过此，愿一一施行之而已。

又言：

陛下宵衣旰食，有求治之意；发号施令，有求治之言。逮今半载，治效逾邈，良田左右前后，不能推广德意，而陛下过于容养。臣恐淳厚之德，变为颓靡，且今不尽革京、贯等所为，太平无由可致。

宋钦宗采纳了吕好问的意见。宋钦宗谕之曰："卿元祐子孙，朕特用卿，令天下知朕意所向。"靖康元年（1126），吕好问被提拔为左司谏、谏议大夫，并晋升为御史中丞。

在宣州知州上任之前，吕好问不畏强权，积极参与政事，建言献策，多次上疏奏言，揭发蔡京的过失和恶行，请求流放蔡京，并罢黜一批结党营私的官员，以儆效尤。此外，他还建议宋钦宗表彰江公望、黄庭坚和任伯雨等官员，并推行青苗法，赦免之前元符年间上书被贬黜的一批官员。他前后数十次上疏奏呈宋钦宗。每次奏对，宋钦宗即使在正常用膳时间，也会让他上奏完毕。当边关告急时，朝廷大臣不知所措，只知道遣使讲和。金人佯攻一些城池而游刃有余，诸将因为和议，坚守城池不出战。吕好问进言：

彼名和而实攻，朝廷不谋进兵遣将，何也？请亟集沧、滑、邢、相之戍，以遏奔冲，而列勤王之师于畿邑，以卫京城。

然后，奏疏呈上没有被采纳。金人攻陷了真定，进攻中山，朝廷上下震骇，廷臣狐疑相顾，仍然以和议为主导意见。吕好问带领御史台的属吏弹劾一些大臣畏懦误国，却被调任袁州知州。宋钦宗对他的忠诚和为国家付出的努力深表同情，让他下迁为吏部侍郎。

面对内忧外患的局面，吕好问在政治上坚定立场，在靖康之变时，我们不难看出吕好问以自身的政治智慧和忠君为国的情怀，不畏强权，多次上疏奏言，参与政事，谏言献策，积极保全宋室。

4. 吕祖谦伯父吕本中

吕本中（1084—1145），字居仁，元祐年间宰相吕公著的曾孙、吕好问的儿子。年幼时聪明敏悟，吕公著十分喜爱他。吕公著去世时，宣仁太后和哲宗亲临祭奠，众多孩童立于庭下，宣仁太后独自让吕本中进见，抚摸着他的头说："孝于亲，忠于君，儿勉焉。"

绍兴六年（1136），吕好问被召到朝廷，并被特赐进士出身。阶州（今甘肃省陇南市武都区）草场监官苗亘因贪赃败露，朝廷颁布诏令将他处以黥刑。吕本中上奏：近来官吏犯法贪污，多被处以黥刑，但四方遥远，不可避免地会有错误的情况发生，又怎么能全部了解呢？一旦发现他们是无辜的，即使想平反，又如何能够实现呢？如果从祖宗时代起就一直使用黥刑，那么在绍圣权臣当政之时，士大夫或将寥寥无几。希望朝廷斟酌使用常规刑罚，不要让奸佞后代以此为端。皇帝听从了他的意见。

绍兴七年（1137），高宗巡幸建康，吕本中上奏说：当今的计策，必须先致力于恢复故土的大业，求取人才，宽恤民隐，明确法度，审慎刑政，广开直言之路，使每个人都能畅所欲言。然后，训练军队选拔将帅，增强军队实力，巩固淮甸地区，使江南先有不能动摇之势，伺敌有隙，可一举而克。如果只有恢复大业的志向，而没有相应的对策，国家根本无法真正强大，恐怕会带来其他的灾祸。现在江南、两浙地区赋税日益增加，乡村凋敝，倘若遭到水旱之灾，坏人起而发难，不知道朝廷怎样对付？近来臣僚中劝说兴师问罪讨伐金朝的不可胜数，虽然他们的言辞理直气壮，但实际考虑起来却难以实施。大概进言的人，与朝廷的利益并不相等，言论没有实现，事情没有成功，便脱身离去。朝廷安排不当，谁能承担责任呢？鸷鸟将要出击时，必先隐藏形迹。现在朝廷几乎没有实际行动，所下诏命却已传到敌境，使敌人得以事先准备，这不是明智的做法。之后，吕本中又上奏：江左形势险要之地如九江、鄂渚、荆南应当驻屯重兵，选派重臣。吴时说西陵、建平是国家的重要门户，希望朝廷选派精锐将领，以备紧急情况。这样的话，江南自卫之策就更加完备了。

绍兴八年（1138）二月，吕本中任中书舍人。三月，兼侍讲。六月，兼权直学士院。金派使者前来讲和，有关部门计议接待礼品，吕本中说："使节前来，我们应该以俭朴节约的方式接待，如果客馆供应过于丰盛和奢华，正好引发敌人犯我之心。况且，我们的成功或失败并不在于这些细节，关键在于我们的政治得失、军队和财政的强弱。因此，我希望朝廷能够下诏令，保持供应适度即可。"

吕本中将自己秉持的直言纳谏精神记录在自撰的《吕舍人官箴》中。这部著作极力倡导廉政清明的为官之道，记录了整个家族对如何做一位好官的思考与总结，并提出了从政之戒规、为官之箴言。这部著作成为吕氏家族遵奉的经典著作。

二、吕祖谦直言纳谏的家族影响

1. "婺学"领袖吕祖谦

南宋淳熙二年（1175）六月，信州鹅湖寺迎来了四位思想家——金华学派的吕祖谦、理学家朱熹和心学"大咖"陆九渊、陆九龄兄弟。"鹅湖讲道，诚当今盛事。"促成这场盛会的，是"婺学"领袖吕祖谦。

理学和心学之争在南宋时已进入高潮。特别是在朱熹和陆九渊、陆九龄这三位"弄潮儿"出现后，南宋文坛对于理学和心学的争论已经趋于白热化。理学强调天理，强调客观规律，抑制人之欲望。心学强调个人感悟，提倡"随处体认天理"。陆九渊与朱熹在当时齐名，双方的观点截然不同。两人多次公开辩论，双方孰是孰非成为当时的学术热点。

在宋韵文化中留下浓墨重彩的一笔的思想家吕祖谦对此有自己独到的见解。他在很多方面是赞成朱熹的个人学术观点的，可他并没有因此"站队"。相反，他积极邀请朱熹和陆九渊、陆九龄一起讨论"教人法"（认识论）的问题，并且希望从中调和双方的观点。自古有文人相轻之说，吕祖谦在这种学术观点争论的关键时刻，站出来提倡调和和兼容态度以对待对立观点，是非常需要勇气和技巧的。这与吕祖谦温润谦和但又不失坚定的性格有关。善于倾听，敢于明辨，不失初心，这些品质贯穿于吕祖谦一生的方方面面。

乾道六年（1170），吕祖谦升任太学博士，并兼国史院编修官、实录院检讨官，获得了觐见皇帝的机会。当时的宋孝宗经历了隆兴北伐的大起大落，在战和问题上摇摆不定。大臣们则各自"站队"，分为主战派和主和派。针对北伐的问题，吕祖谦仗义执言，既没有附和主和派全盘否定北伐，也没有支持当时激进盲动的主战派，而是提出"精加考察，使之确指经画之实，孰为先后，使尝试侥幸之说不敢陈于前，然后与一二大臣定成算，而次第行之"的意见，委婉地批评了宋孝宗此前绕开三省和枢密院直接对金不宣而战的鲁莽做法。

吕祖谦的坚定，体现在其不为功名所迷惑，拒绝站队，坚持直言。同时，吕祖谦继承了先辈对真理和事实的追求精神及直言纳谏的精神。正是吕祖谦温润而又不失坚定的性格促成了鹅湖之会这样的思想盛会。

2. 吕祖谦弟弟吕祖俭

吕祖俭（1146—1200），字子约，金华人，是吕祖谦的弟弟，像学生一样受学于吕祖谦。淳熙八年（1181），任监明州仓，将要上任时，恰逢吕祖谦去世。按照吏部四选注授官员差遣的规定，半年未上任的被视为逾限过犯，吕祖俭决心服满为期一年的丧期，朝廷同意了他的请求，并颁布诏书，规定官员上任逾限的期限为一年，以吕祖俭为先例。

当时韩侂胄渐渐掌权，李沐公开批评右相赵汝愚，并要求罢免他。吕祖俭上奏说："赵汝愚也有一些过错，但是并没有像议论的人所讲的那么严重。"韩侂胄愤怒地说："吕寺丞难道要干预我的事情吗？"

适逢祭酒，李祥、博士杨简都上书为赵汝愚辩冤，李沐都一一弹劾罢免了他们。吕祖俭就用袋封缄上书奏事："朝廷刚开始政治清明，选拔重用忠良之士，然而并未执行多长时间。朱熹是耆宿儒臣，发表了一些言论，就赶快让他离开朝廷；彭龟年是旧时学者，发表了一些言论，就赶快让他离开朝廷；至于李祥，他阅历丰富，对世事有深刻的理解，笃敬诚实，没有偏袒任何一方，这是众人所信服的，现在又被斥责放逐。我担心，此举将导致人们不敢再说出应当说的事情，士人们必将会相视以为警示，闭口不敢进言的风气一旦形成，将难以纠正过来，这难道对国家有利吗？"吕祖俭又上奏："现在敢于进言的士人，他们所担心的不在于得罪君王，而在于违背了权贵的意愿。姑且以我所知道的讲一讲，最难的莫过于议论灾异，然而却可以直言不讳，是因为这件事与有权势之人无关。如果是皇帝御笔之降，朝廷不敢违抗，御史台、谏院不敢深加议论，给事中、中书舍人不敢固执己见，原因是担心一旦引起间隙，会牵连得罪权贵宠臣。所以凡是劝谏这类事情从朝中发出的，大概想借皇帝的声势，以逐渐窃取威权而已。近来路人皆知，左右亲近大臣在官吏的升降、任免之际，偶尔间得到消息的人，门庭若市，凭借权力和宠爱，摇撼朝廷。我担心这种情况会逐渐扩大，政权会归于宠臣，而不在朝廷。所有被推荐任用的人都是与权贵亲近的，而所有被陷害的人都是权贵所厌恶的。人们只是侧目畏惧，不敢指责，而且唯唯诺诺，内外表里的祸患必将出现。我因李祥获罪而深究及此，这难道是我故意挑衅、自取罪戾吗？实际上，现在士气颓废，稍稍违抗权贵就会被驱逐，再也无法回来。我十分担忧陛下势单力孤，而相与维持国家的人渐少。"

奏疏已上呈，吕祖俭在家等待治罪。不久后，圣旨到，指控吕祖俭与人互相勾结欺罔皇帝，贬谪到韶州（今广东省韶关市）居住。然而，中书舍人邓阳上奏表示，吕祖俭罪不至贬。皇帝御笔批示："祖俭意在无君，罪当诛，流逐已为宽恩。"恰逢楼钥给皇帝进读吕公著元祐初年所进奏的十件事，因此进言："像吕公著这样的国家大臣，连续十代都得到了朝廷的宽容和恩典，而最近太府寺丞吕祖俭因为发表言论得罪了朝廷。他是吕公著的孙子。现在把他投贬岭外，万一他死去，朝廷就会有杀害言官的恶名，我私下替陛下可惜。"皇帝问："吕祖俭所说的是什么事？"楼钥这才知前不久对吕祖俭的惩罚并不是出自皇帝的意思。吕祖俭到达庐陵后，将要前往岭外，突然接到圣旨，说要将其改送去吉州居住。之后，又遇朝廷大赦，吕祖俭移往高安。

作为吕祖谦的弟弟，吕祖俭承袭吕氏门风，在宦海中"出淤泥而不染，濯清涟而不妖"。他认为闭口不敢进言的风气一且形成就不容易纠正，这对国家非常不利。因此，他终其一生都在直言纳谏，为国效力。

3. 吕祖谦后代吕洪

吕洪（1417—1485）出身名门之后，他是北宋宰相吕公著的后代。明礼部郎中王宾《嘉议大夫致仕按察使吕公传》（石本）载：

> 吕洪，字大正，别号晋斋，温州平阳人。河南宋申公吕公著之后，历世至吕好问任侍郎随宋高宗南渡居金华，三传至东莱先生吕祖谦，又五世吕耆在前元任永嘉教谕，卒于官。子吕深迁居平阳，由路令史擢任典史，长子吕敬中是元代浙江行省照磨，明洪武初年任冀州判官；次子吕复中公即吕洪的曾祖，祖父吕敬德，父吕再谦皆隐德不仕。

在王宾的笔下，吕洪由吕公著之后裔细化为南宋大儒吕祖谦第十世孙。

吕洪自幼聪颖，其父也很注重培养他。明英宗正统九年（1444），吕洪乡试中举，并夺得"经魁"。他是明代平阳科举史上唯一的"经魁"。明陈汝元《皇明浙士登科考》序中写道："吾浙当天下十五之一，而大魁名贤，肩摩厘接，海内推为首藩。"从这一点上来说，浙江举人在全国范围内实力首屈一指，其考取难度极高，具有极强的代表性。

景泰六年（1455），吕洪被朝廷任命为都察院十三道广东道监察御史，开始了长达二十多年的政治生涯。天顺三年（1459），吕洪受命到广东为朝廷采购珍珠，发现朝中有人与安南人勾结盗取珍珠。他一方面加以阻止，另一方面据实上报朝廷，严查有关涉案人员。同年，又在广东查处了轰动全国的"科场买题案"，严惩多名涉案人员，深受朝廷赞誉。《英宗实录》卷三百二十四载：

> 巡按广东监察御史吕洪等奏："兵部郎中何宜知其父演累岁在广东兴贩珍珠，得银万计，多置人口，宜不能致书劝阻。比闻差官采珠，又预报消息，致令其父逃归。窃夺国课，宜从究治。"上命锦衣卫鞫之。

天顺六年（1462），吕洪出任江西巡按。他秉公执法，奏保称职的按察使原杰，通判史宗礼，知县吴编、田济等官员，惩办了一批贪污、渎职的官员及劣绅，如鲍诚。他还重新审查李爵、罗以能案，洗清了十多名被判死刑者的冤屈，深受当地民众赞誉。他还主持江西的乡试，唯公是取，择优录取了一批人才。同年，吕洪因擒获江西长河峒贼朱绍纲等人获朝廷赏赐彩缎三表里、银钞二百锭。

天顺七年（1463），吕洪从江西巡按还京，都御史上奏请求提升他为"掌十三道题奏兼管三法司刑狱"。任上，吕洪办事认真负责，又被委任监督全国科举会试考场。考试结束后，吕洪又被委以"总理各道题奏昭议"的重任。

天顺八年（1464）正月，英宗驾崩，明宪宗即位，吕洪与朝中大臣共同上奏，向宪宗提出"正君心，去幸进，奖忠直，严黜陟，明赏罚，汰冗滥，审罪因，慎刑狱"等八条治国方略，深受宪宗重视。宪宗仔细审阅奏章后回复：前三事"治体所先，并其他严黜陟等事，皆切治理，御史所言良是，所司其参酌施行"。

吕洪的直言纳谏精神体现在他积极参与朝廷决策、建言献策、坚持真理、勇于提出批评和改革建议等方面。直言纳谏不仅是吕洪本人的个性品质，也是吕氏家族代代传承的家风。

4.吕祖谦后代吕思勉

到了近代，吕氏家风依然绵绵不绝。吕思勉（1884—1957）是一位热爱祖国、思想进步、敢于献身学术事业的著名历史学家。他曾三次阅读了卷帙浩繁的"二十四史"，并运用唯物史观进行分析和比较，撰写札记。他已出版的史学专著达到了二十九种，总字数超过六百万。20世纪20—40年代，我国的大学生和中学生基本上都读过他的书，受到了不同程度的影响。他的著作在欧美、东南亚地区仍被大量重印，广为流传。

1937年8月，日本帝国主义向上海发动大规模军事进攻。不久，上海沦为一座孤岛，常州等地也相继沦陷。由于故乡常州的城门口站有日兵岗哨，进出必须脱帽鞠躬，旅居在上海的吕思勉便坚决抵制，不肯回去。他说，他决不向日本人低头。1940年，一个抗日报纸的副刊向他组稿，并且事先声明：稿酬

图8-3　浙江金华武义明招讲院（孙媛媛　供图）

很低。出于民族正义感，他不避艰险，一口答应，还说即使不给稿费，他也写。于是他用"野猫""乃秋""六庸""程芸"等笔名写了不少充满民族正气的文章。与此同时，他谢绝了稿酬很高的汪伪报刊的组稿。

在旅居上海时，吕思勉曾用"谈言"的笔名写过一篇散文《狗吠》。文章一开头叙述了阔别故乡三年有余的"我"见了故乡来人，不免焦急地问起故乡的情况。来人却答非所问："现在狗吠的声音比从前厉害了。"这是什么意思呢？这让"我"听了莫名其妙。文章就从这一疑问开始，借着"狗吠"这一线索，一步步地解释和说明狗看到"异样的人"而狂叫的原因，有力地控诉了日军占领下沦陷区暗无天日的惨状。

1942年8月，吕思勉和家人一起重返常州时，进出城门的人只需向日军哨岗脱帽，不再需要鞠躬仪式了。然而，吕思勉选择光着头回到常州，并发誓："不到抗战胜利，我决不戴帽子！"吕思勉回到常州后，利用刚刚取得的开明书店预支稿费在原来住房的废墟上，盖了两间屋和一间作为灶房用的草棚。为了生活，他就在这样简陋、阴湿的房屋里笔耕不辍，每天至少写作两千字。他过着艰苦的生活，在满是瓦砾和石块的住宅废墟上种植一些容易存活的南瓜和扁豆。他即使每天吃扁豆烧豆腐、子姜炒南瓜，也决不屈服于某位身居汪伪政权高位的学生。这个学生以高额酬金为诱饵，借用他的名字在某个"协会"的名单上领头。

1945年日本投降以后，光华大学复校，吕思勉再次来到上海。同年12月8日，他在上海买了一顶六合帽，在日记《扬眉记·序》里高兴地说：

> 十二月八日在上海买六合帽一，其制明太祖平胡
> 元后所定也。三十日戴之，昂然归故乡矣。

在抗日战争时期，一股民族的浩然正气，就像一条红线，贯穿于吕思勉的艰难困苦生活。他用自己的笔杆子传承先辈直言纳谏的精神，用文字控诉日军侵华的罪行，将自身的爱国情怀表达得淋漓尽致。

三、直言纳谏精神在现代的传承

直言纳谏精神是中国传统文化中重要的价值观之一，指的是勇于对错误和不当行为提出批评和建议，促进事物的改善和发展。这种精神可以帮助人们更好地应对各种挑战和困难，推动社会的进步和发展。

可以说吕氏门风中的直言纳谏精神不仅影响了其家族的家风，也对中国社会的思想和文化产生了深刻的影响。虽然时代在不断地变化，但作为中华民族传统美德的一部分，这种精神在现代社会仍然具有重要的意义和价值。它激发人类智慧和创造力，推动社会向着更加公正、平等、开放的方向发展。我们应该努力传承和弘扬这种精神，鼓励人们勇于表达自己的意见和看法，为社会的进步和发展做出贡献。同时，我们也需要倡导开放包容的文化氛围，尊重不同声音和观点的存在，为传承和发扬直言不讳的精神提供更好的舞台和环境。

第九篇

陈亮

君子周而不比

陈亮（1143—1194），字同甫，号龙川，浙江永康人。陈亮是南宋时期的文学家、思想家。南宋时期的历史让世人往往联想到靖康之变。宋徽宗钟情于书画，却误生于帝王之家。他的儿子宋钦宗在金兵锋镝南指时无力抵挡，用巫师招"神兵"以求退敌，最终葬送半壁河山，父子双双成为金人的阶下囚。这段历史成了南宋时期的痛苦记忆。

南宋给后人的印象总是软弱的、任人欺凌的。造成这一印象的原因有很多，其中之一就是当时士人过于追求程朱理学。理学专注于形而上学的正心诚意，而不屑于世俗政务。作为基础理论研究，理学无不可，但时值危急存亡的关头，哪里有给书生"躲进小楼成一统"的空间？因此，后世多批评理学生们空谈迂阔，其学虽然必要，但流于口谈而未有经世之用。

然而，在诸子大谈天理心性时，陈亮则异军突起，心系国难、慷慨激昂，为当时之社会乃至后世之学术注入了活力与希望。面对混乱不堪的世局，陈亮发出惊世之言："天下大势之所趋，天地鬼神不能易，而易之者人也。"如此振聋发聩之音，放之当下也如当头棒喝，更不用说偏安一隅的南宋王朝。南宋士子们在金兵锋芒下退缩妥协之时，他却大声疾呼，力主抗金。当儒生们大谈性命时，他却诘问道："举一世安于君父之仇，而方低头拱手以谈性命，不知何者谓之性命乎？"相比于当时儒生们力求成为的"圣人"，陈亮更希望成为一个英雄，"乘时而出佐其君"，易鬼神所不能易之势。永嘉学派的代表人物叶适评价陈亮道："气足盖物，力足首势；天所畏也，孰可抑制！"叶适认为，陈亮的气概与道力是上天赋予的。

在感慨、欣赏陈亮豪情的同时，我们不禁发问：一个习常蹈故、萎靡不振的时代如何孕育出一位气吞山河的英雄？而英雄又给后世留下了什么？对于第一个问题，学者们常有不同的解答。有人认为这应当归功于宋孝宗、宋光宗时期的开明政治，有人认为原因在于浙江人从古至今求真务实的精神。对于第二个问题，学人常从陈亮的经济思想、法律思想、史学观点出发论述，得出的结论不一而足。这些总结都十分精到。横看成岭侧成峰，陈亮的思想深邃而复杂，后世从不同的视角得出不同的观点，这些都是对陈亮思想的有意义的阅读与总结。

不过，在本章中，我们将聚焦陈亮自幼受家风熏陶的过程，以及他在成年后如何进一步弘扬这种家风。陈亮的家风对于他的性格塑造起到了重要的作用，而他日后的言行也无不实践并发扬着这一家风。

这一家风为何？用《论语·为政》中的一句话来概括再合适不过："君子周而不比，小人比而不周。"《说文》中解释："周，密也。"南怀瑾先生进一步解释，"周"有"包罗万象"之义。引申理解，"周"的意思就是包容万物、虚怀若谷。"比"

则形容两人关系亲密，彼此依附。"君子周而不比"，就是指君子以其胸怀博采众长，但又不依附一方，行事不偏狭而丧失自我。相反，小人则致力于结党营私，对于同党万事称好，对于异己则极尽打压。更甚者，小人不仅依附于同党，也依附于世俗。他们懂得用舆论来伪装自己，总是显得与众人一致，但实际上只是虚假地谄媚逢迎。

为何君子、小人有这种区别呢？欧阳修在其名篇《朋党论》中给出了解释："大凡君子与君子以同道为朋，小人与小人以同利为朋。"君子们会成为关系亲密的朋友，大多是因为他们坚持的"道"有所相通，互相引为知己。而小人们则因为利益相投而相互勾结、称兄道弟，利益相合之时，原则、道德均可以抛诸脑后。因此，小人们总是显得格外亲昵。但是，欧阳修只理解了孔子箴言的一半，即君子之"周"。在欧阳修看来，似乎君子也是可以"比"的。实际上，"君子周而不比"，是由于天下间对于"道"的理解并非完全一致。因此，实事求是的君子只能以人之长补己之短，而永远无法与他人形成共进退的同盟，因为这样就是背叛自己所相信的"道"。我们常说的"君子不群"就是这个道理。真正的君子，因为坚持内心独特的"道"，总显得与他人格格不入，不合其群。

欧阳修没有做到的，陈亮却一直在践行。纵览陈亮的一生，尽管他常常受"比而不周"的小人的陷害和污蔑，但他始终坚持着"周而不比"的为人和为学准则。"周而不比"使陈亮不流于世俗而震古烁今，亦为陈氏后辈乃至天下奋发有为的学子指出一条坚持己"道"且经世致用之路。

图9-1　五峰书院内的陈亮雕像（陈亮研究会　供图）

一、"周而不比"家风之肇始

质言之，陈氏"周而不比"的家风发端于陈亮的祖父陈益。陈益年轻时曾志向宏远，起初尝试以文入仕，不就；后又弃文从武，又未得偿所愿。虽然仕途不顺，但陈益"孝友慈爱，明敏有胆决"。陈亮自幼由其祖父教导，因此多受其祖父品行才智的熏陶。譬如，陈益兼有文武二道的修养，这在宋朝时并不多见。有宋一代，多是重文轻武。"满朝朱紫贵，尽是读书人"就是对当时风尚的真实写照。即使是统兵才能卓著的狄青，也被文臣们贬斥为"匹夫"，称其"为性率暴鄙吝，偏裨不服"。在这样的舆论环境下，陈益能够弃文从武，殊为不易。

受到陈益的影响，陈亮在《酌古论》的序言中便批判当世重文轻武的风气：

> 文武之道一也，后世始歧而为二：文士专铅椠，武夫事剑楯，彼此相笑，求以相胜。天下无事则文士胜，有事则武夫胜。各有所长，时有所用，岂二者卒不可合耶？

在《酌古论》中，陈亮专注于古人的战术思想，全不似腐儒仅着眼于"仁义道德"。一个十七八岁的少年便能有如此胸襟，可见家学所传对他的陶冶教化。从陈益对待知识的态度中，少年陈亮学到了"周"，也学到了广博的胸怀，能够包罗万象并将其运用于实践之中。

陈亮说，陈益因未能学优而仕，晚年沉湎于杯酒之间，兴之所至则引吭高歌，"遇客不问其谁氏，必尽醉乃止"。然而，陈益对酒的热爱，并不是借酒浇愁以求自我麻痹。据说，陈亮出生时，陈益梦到了一位名叫"童汝能"的状元。他相信这是上天的启示，因此给陈亮取名"汝能"。对于自己的孙儿，陈益无比骄傲，深信他将来一定可以大有作为，傲视群儒。

陈益的嗜酒，与其说是怀才不遇之后的意志消沉，不如说是久居乡间却丝毫不减的遒飞逸兴。否则，如何解释他对陈亮未来的乐观进取的态度呢？所谓"君子见机，达人知命"，陈益将自己的坚毅与豪情投射到孙儿身上，对他日后的成功满怀期待。这无疑感染了少年陈亮，树立了他终其一生的自信心。

而这种自信正是君子"不比"的前提。坚持己道，不畏人言，没有自信是万难做到的。陈益的酒量，与李白有些相似。李白这位酒家仙豪情万丈地吟诵："百年三万六千日，一日须倾三百杯。"大唐的兴盛与荣耀，似乎就是为了孕育这一位光彩照人的谪仙。陈益与李白有着相似的性格。来客不问姓名，一定要一醉方休，这不就是李白"我醉欲眠卿且去，明朝有意抱琴来"的率真快意吗？因此，可以想象，陈益对李白是十分欣赏的。他时常向少年陈亮介绍李白并吟咏他的诗歌。

耳濡目染之中，陈亮也对李白充满钦佩。他十七岁作《谪仙歌》，赞叹道："白也如今安在哉！我生恨不与同时，死犹喜得见其诗。"这句诗表达了陈亮对李白的崇拜和敬佩，同时也表现了他自身意气风发的特质。接着，陈亮又言："脱靴奴使高力士，辞官妾视杨贵妃。此真太白大节处，他人不知吾亦知。"他在这里叹服于李白"安能摧眉折腰事权贵"的刚正气节，以及他"不比"的君子之风。陈亮的高尚品德深受李白的诗歌和行事风格的影响，同时也得益于祖父陈益口传心授的教诲。祖父陈益的教诲在陈亮心中种下了"周而不比"的种子，而在成年之后，他更在为人处世中传承和发扬了这一"周而不比"的家风。

二、陈亮"周而不比"之风

1. 为人与为政

在祖父的照料下，陈亮的童年是幸福和优裕的。但命运无常，一经成年，家中祸事便接踵而至。首先是母亲去世，接着父亲陈次尹因仇家陷害而入狱，而后祖父、祖母因无法承受这样沉重的打击而相继离世。"人生寄一世，奄忽若飙尘。"曾经其乐融融的一家人，现已变得一片凄凉，月缺花残。陈亮为营救父亲而散尽家财，母亲、祖父母的棺椁已然无力下葬。他的弟弟因无力挑起重担而离家移居别处；他的妻子因不堪重负而返回义乌娘家避难。人生之困顿，莫过于此。

孟子云："天将降大任于斯人也，必先苦其心志，劳其筋骨……"然而，磨难带给人的最大挑战在于，它嘲笑一个人的抱负与追求。当一个胸怀天下的人不得不因困苦生活而屈膝于他人时，他的志向就变得滑稽可笑起来。陈亮的处境就是这样。为救父亲逃出牢狱，陈亮不得不央求同窗、好友。他向当时已任职丞相的好友叶衡去信，说自己"羞涩不解对人说穷，愈觉费力；就使解说，其穷固亦自若也"。他对自己的贫困感到羞愧，又不愿向人提起，然而，即使向人提起，穷困也仍然会像往常一样存在。陈亮希望能得到叶衡的帮助，但其心中浩然，不愿低眉哀求。英雄气短，读之不得不令人嗟叹。

以陈亮的才智，若他附和小人之行为，说一些违心之言，未尝不能在官场上平步青云。然而，即使在贫困之中，陈亮亦不稍改其志。在《英豪录》中，他说："彼英豪者，非即人以求用者也，宁不用死耳，而少贬焉不可也。"陈亮看似在论述古代英豪的行迹，实则抒发自身胸怀。贫者不食嗟来之食，即使穷困潦倒，他也不愿做小人般附会之事。

　　另一件彰显陈亮"不比"之风的事情是他多次向宋孝宗上书。幸得好友叶衡搭救，父亲得以释放，陈亮的处境也渐渐好转起来。这时的陈亮虽仍未有一官半职，但"穷困而不忘天下事"是他的座右铭。何况国事危难，他已经等不到自己考取功名的那一天了。因此，乾道五年（1169），怀着对天下的忧虑和对自己才能的信心，陈亮毅然北上临安，向宋孝宗呈上他的《中兴五论》。在这篇策论中，陈亮提出了他对振兴朝纲和恢复故土的建议：开诚取士、简政放权、不忘国耻、君臣正体。以布衣的身份上书，陈亮承受着很大的压力。当时稍有修养的人讥讽他标新立异，而修养不足的小人则怀疑他心术不正，意图吸引朝野目光而为自己谋取一官半职。比附世俗的小人会在行事之前揣度他人的想法，若能博得世俗好感则为之，若有受人冷眼的风险则不为。说到底，这样的人将利益至上，要求他们做"逆行者"与其本性相背离。但"不比"的君子陈亮，敢冒天下之大不韪而问心无愧："有君如此，而忠言之不进，是匿情也。已无他心，而防人之疑，是自信不笃也。"如果内心真诚，一腔热血，那还犹豫什么呢？

　　陈亮这次上书，并未收到太大的成效。但陈亮并未因挫折和流言而自我怀疑，九年之后，他再次向宋孝宗上书。这次的上书既继承了《中兴五论》中的观点，又提出了一些更新颖而深刻的观点。陈亮认为，有宋一朝的皇帝对朝政把持过严，致使诸臣丧失能动性，"圣断裁制中外而大臣充位，胥吏坐行条令而百司逃责"。这一诊断切中肯綮，后世名臣方孝孺称，读罢"不觉慨然而叹，毛发森然上竖"。此外，在上书中，他竟对全天下的读书人进行了痛斥："今天下之士熟烂委靡，诚可厌恶。"而本朝对官员们的任命，更是"委任庸人，笼络小儒"，高堂之上竟无一可以独当一面的栋梁之臣。陈亮言辞大胆而激昂，无怪乎此次上书之后，朝野震动。宋孝宗读罢此文，拍案叫绝，急欲召见陈亮并委以职位。佞臣曾觌揣测圣意，知道陈亮将受重用，便想先孝宗一步拉拢他，把他召入自己一党以壮声势。但陈亮岂会与此等小人朋比为奸？在曾觌来到馆舍找他的时候，陈亮竟越墙而逃。曾觌因之大怒，伙同同党在孝宗面前诋毁陈亮，使孝宗断了召见陈亮的念头。

　　纵观陈亮一生，他多次上书皇帝，陈对国策，但终不为国朝所用。究其因，大概是他"不比"的气节。孝宗命丞相王淮召见陈亮，询问中兴之策。王淮与陈亮本为同乡，若陈亮是个趋炎附势之人，正可以乘此机会附王淮之势，飞黄腾达。然而，陈亮是一个不愿攀附权贵的君子。早在此次对话之前，他就因正直而两次得罪王淮。第一次是他向孝宗上书痛斥王淮尸位素餐，无所作为。第二次的故事更加曲折。当时朱熹巡视台州，发现台州太守唐仲友有贪墨情节，便连续上文六道参劾他。但王淮因与唐仲友有亲戚之谊，便一力将此事压了下来。陈亮也是唐仲友的外戚，但与王淮不同，陈亮给朱熹去信，赞扬他秉公办事而无所偏私。我们不知道这封信是否被王淮看到，但陈亮没有在事发后与朱熹划清界限，反而经常书信往来。这一点在王淮看来已经是无法容忍的了。于是，王淮将孝宗委托给他的机会当作报复的时机。第二天，孝宗询问陈亮的对答，王淮轻描淡写地说道："只是秀才说的话罢了。"孝宗由此认为陈亮不过是一介书生，便不再费力召见。

还有一次，曾任丞相的武安军节度使虞允文希望将陈亮召进幕府，为己所用。陈亮却推辞说："候丞相进取中原，亮赴廷对，为汴京状首。"这句话是说，当虞丞相恢复中原故土时，陈亮再来争取成为汴京的状元。如果陈亮能屈膝附和王淮，或能稍敛其志，在虞允文麾下做个小官，也许南宋就会多一个干吏。然而，干吏常有，而陈亮不常有。也许，陈亮的不得志反而是后世之幸：历史上从此屹立着一个铁骨铮铮的君子。

如果仅仅是"不比"，那么陈亮仍无法达到"推倒一世之智勇，开拓万古之心胸"的高度。仅靠"不比"，他或可以成为伯夷、叔齐般的刚烈君子，或可以成为祢衡一般的狂放侠士，或可以成为陶潜一般的隐世高人。然而，相较于他们，陈亮之为陈亮，在于他"不比"的同时又兼容并包。当世之人和后世看客总是认为陈亮"不以为狂，则以为妄"。然而，当我们细读陈亮的处世哲学，就会注意到他身上无时无刻不闪烁着的"万古心胸"。

赴京上书之后，陈亮收到许多冷言冷语，其中一些来自他的好友。言辞最激烈的当属吕皓。吕皓给陈亮写了一封信，意思为："从前的高士们，如伊尹、姜子牙、诸葛孔明，都是别人三番四次相请才出山辅佐。如果不请自来，主动登门传授，

那就有大材小用之嫌，等到真正需要大才的时候就没有可用的
人了。我与同辈们确实在背后嘲笑过你，你也别放在心上。如
果你确实有大才能，让人一笑何妨？听说你对这些嘲笑甚是气
愤，还说出'今后不复相见'的话，这是没有必要的。"

换作常人，上书无用后看了这封信，必然气血上涌，发泄
一番。然而陈亮的回信却心平气和。"被示缕缕，具悉雅意"，
说的是"来信说得很详尽，我已知晓你的美意"。然而"吾人
之用心，若果坦然明白，虽时下不净洁，终当有净洁时；虽不
为人所知，终当有知时"。陈亮的回答仍是在向好友坦陈自己"不
比"的追求。尽管受到如此嘲弄，他仍能镇定自若地表露心迹，
这也正显露出他宽厚的胸怀。陈亮并非一个狂生，而是一个"周
而不比"的大丈夫。

面对诸多批评，陈亮的反应并没有止步于自我辩白。吕祖
谦用《论语》中的话劝诫于他：

> 子曰："知及之，仁不能守之，虽得之，必失之。
> 知之，仁能守之，不庄以莅之，则民不敬。知及之，
> 仁能守之，庄以莅之，动之不以礼，未善也。"

在吕祖谦看来，知识、仁德、严肃的态度以及合乎礼的行
为都是做一件事的必要条件。而陈亮的举止行为则失之放荡，
不合规矩。吕祖谦接着勉慰陈亮：有移山填海的气力也不算是
能耐，能收敛自己的豪气才算是真英雄。面对吕祖谦的醒世箴言，
陈亮果然心有所感。回想自己以往所作的文章，才气十足，但

"毁誉率过其实"。回想起自己屡次上书，针砭时弊、痛斥群臣，虽博得虚名，但就像孟子说的"诡遇而得禽，虽若丘陵弗为"。不按照规矩驾车，即使打的猎物堆积如山，也是君子所不屑为的事情。自己屡次以布衣身份上书，是否也有点不合于礼呢？

　　后来我们知道，这样的自我拷问并未动摇陈亮的决心。他仍是那个为社稷而发出谠言直声的英豪。然而，陈亮对自己言行的这种驻足思索则显示了他的深刻。陈亮不只是一个狂生、一个直言不讳的人，他还懂得辩证地听取和思索他人的意见。从别人的智慧中汲取营养的同时，他不盲从，坚守自己的本心。他的行为举止无时无刻不彰显着"周而不比"的家风。

2. 为学与交友

　　"君子周而不比"的根源在于君子对"道"的探索。客观来说，"道"是天下万民与万物的"道"，因此求"道"者必须能够"周"，从与自己不同的观点、行为中领悟关于世界的真理。但"道"又是一个人对世界的看法，因此它也是主观的。别人对"道"的理解也许并没有自己对"道"的理解深刻，或者自己的理解可以补充别人片面的理解。因此，"比"，即随波逐流，又是不可取的。孔子所谓"周而不比"是在求"道"之路上的不二法门，而陈亮的治学之路正是对这句话最好的注解。

　　陈亮的学术思想在不断吸收和扬弃他人观点的过程中逐渐进步与完善。青年陈亮写就《酌古论》时，他所追求的"道"完全是实用主义的，即无论一事正义与否，只要对自己实现目标有帮助，就是好的。例如他对曹操的评述。古代文人一直习惯于在道德上否定曹操。朱熹说曹操是"窃圣人之法"的国贼。罗贯中的评价虽然较为中肯，但也认为"功首罪魁非两人，遗臭流芳本一身"。与他们不同，青年陈亮的着眼点在于曹操使用的战略战术。他批评曹操"得术之一二而遗其三四"。如果没有战术上的失误，曹操必能破蜀、吴而得天下。然而，纯粹的实用主义并没有在他的治学生涯中存留太久。因为犀利笔锋，陈亮为当时的名臣大儒周葵所赏识，便招他至府邸，传授《大学》《中庸》等经籍。周葵所宗的学术是主流理学的格物致知："方其格物，物我为二。及其物格，则自视无我，何有于物？是谓知至。"所谓物我合一的"知至"境界就是"止于至善"。万物虽然纷杂，但道理是一致的。所以，物我不和谐是因为自己对物的理解出现了偏差。只有物我相谐时，才能达到知觉万物道理的至善境界。这种观点与青年陈亮的实用主义有着根本的区别。陈亮追求的实用并非旨在达到至善之境，而是满足人一时的追求，比如曹操想要称霸，韩信想要辅佐刘邦建功，等等，并且其手段是"术"，是一种和道德无甚关联的策略。而格物致知要求动念头、想策略都从道德出发，都要问：这件事该做吗？这件事该这样做吗？

虽然与周葵的思想不一致，但陈亮并未完全抵触周葵引导他学习的理学。陈亮以自己的观点为本，辩证地加以采纳。多年后，在回忆这段时光时，陈亮说："《中庸》《大学》，朝暮以听。随事而诲，虽愚必灵。行或不力，敢忘其诚。"与周葵朝夕相处，受他的耳提面命，陈亮受益匪浅。但他又未全盘接受周葵的观点，因此言行也不完全合乎周葵所设立的规范。这一点可以从他自周葵府邸回乡后的作品中看出。例如《谋臣传》中，他在褒贬古今以智谋闻名于世的人物时，虽周葵教授他的"至善"成了重要的部分，但"术"仍是主要的一点。"其奇可资以集事，其贼可以戒。"谋士的奇术可以成事，但他们的狡诈不仁也应当引以为戒。与青年时期单纯追求实用主义相比，陈亮对谋士"贼"的批判标志着他的进步：他开始意识到，有才而无德是危险的。这一进步也使他得以与主流学术对话，而终成一家。

除了周葵，陈亮与吕祖谦、叶适、朱熹等当世大家均有交集，其中吕祖谦对他的影响最大。陈亮深深叹服于吕祖谦中正平和的人格，在学术上对吕祖谦的思想也多有参考。他常与吕祖谦书信往来，许多新作的文章都会一并寄予后者品评。吕祖谦则褒奖不吝，批评不避。在吕祖谦的影响下，陈亮收敛了他过于犀利的锋芒。然而，陈亮与吕祖谦的思想也非完全一致。例如吕祖谦主张心、理分别为自我与物的本质，试图将陆九渊的心学与朱熹的理学综合起来。因此，他认为寻求真理的过程既要"反求诸己"，研究自己的内心，又要"格物致知"，在外物上进行思索。与之不同，陈亮则坚持"盈宇宙者无非物，日用之间无非事"。所谓真理，陈亮认为其蕴藏在事物之中而非之外，静观内心或静观外物都无助于获取真理，唯有身体力行，在实事中经世济民才是正途。陈亮仍坚持着青年时期的实用主义哲学观点，但他吸收了理学的思想，并将其发展为实现经世济民的手段。尽管他接受了仁义作为根本原则，也认同了惠泽天下的目标，但他仍不愿说服自己空谈性命，如腐儒般以呆滞的目光审视自己的一言一行。

　　周葵、吕祖谦与陈亮的友谊不可谓不真挚，对陈亮思想的影响不可谓不重要，然而，最终他们无法完全改变陈亮的思想，可能是因为陈亮对自己的"道"有着坚定的自信，同时也因为他具备"周而不比"的家风。

　　陈亮与朱熹也常有往来，但二人论旨完全不同。这在我们末学后进看来甚为奇特：二人在学术上互不相让，在生活琐事中也锱铢必较，却能保持长久的友谊。可以说，二人都是有"万古心胸"的君子，他们的论争远不在一时之气，而在于对他们各自相信的"道"的共同探索。在与朱熹的辩论中，陈亮的哲学观点愈发清晰起来。今人多以为陈亮的观点属于"唯物主义"，但当陈亮与朱熹论争时，我们可以发现由于陈亮对理学思想的深入研究，他的思想中"理"也占了重要的位置。但相较于朱熹超脱于现实的"理"，陈亮的"理"是蕴藏在历史中的。历史人物的功业无不有"理"的成分，因此发现"理"的过程不在于静思，而在于对历史的钻研，并将研究成果付诸实践。正是在这个意义上，陈亮将"义"（或者说"理"）与"利"（或者说实用主义）融为一体。正因坚持"周而不比"的家风，陈亮在与朱熹的论战中完善了自己的思想体系，成为后世研究中国思想史时不得不提的一位人物。

三、"周而不比"之于后世

陈亮"周而不比"的独特思想，融化为独立之精神。一是陈亮具有爱国至上的"献身精神"。陈亮一生不忘被金人占领的失地，终身倡言收复失地。乾道五年（1169），他向孝宗进献《中兴五论》，阐述抗金中兴的基本纲略。淳熙五年（1178），他在一月之内三次向孝宗上书，纵论收复失地之道。淳熙十五年，他再次诣阙上书，激励孝宗收拾河山。陈亮还作有《制举》《廷对》《四弊》《国子》等策文，为南宋王朝收复中原、洗尽前耻而殚精竭虑、出谋划策。无论形势如何变化，家庭如何不幸，陈亮始终把收复失地之事当作自己的事业，号呼不辍，奋斗不止，正气不衰，气节不移。他胸怀正义而神态庄严，高屋建瓴的非凡气势、爱国至上的献身精神令人敬佩。二是陈亮具有务实求真的"事功精神"。陈亮说：

> 天下，大物也，须是自家气力可以干得动、挟得转，则天下之智力无非吾之智力，形同趋而势同利，虽异类可使不约而从也。若只欲安坐而感动之，向来诸君子固已失之偏矣。

陈亮不仅在理论上力辩义利关系，而且通过寻找历史依据来论证"事功"符合"道"的准则。他认为古代圣贤凡有所作为的总是离不开事功，提出"禹无功，何以成六府"的观点。

他认为，立国之本在于"顺民心""重民力""厚民生"；兴国之道在于施"宽仁之政"，行"惠民之策"。他还认为，百姓的富足是国家持久繁荣的前提和基础。陈亮特别重视农业在农商关系和经济发展中的重要性，强调"商藉农而立，农赖商而行"。务实求真的价值取向让陈亮创立了堪称"浙东学术一枝奇葩"的永康学派，并慢慢地滋养着一方水土，渐渐形成了自强不息、坚韧不拔、勇于创新、讲求实效的浙江精神。三是陈亮具有刚正不屈的"勇敢精神"。陈亮冒着杀头之险，五次上书，六达帝廷，逆批龙鳞，直陈当朝皇帝用人不当，须"励志复仇，大功于社稷"。陈亮博览群书，特别善于研究历史，重视国家命运和民生，一生无所师承，却创立了影响后世的永康学派。历史已经证明，陈亮是一位杰出的人物。他对社会发展的看法极具先见之明。陈亮不仅是永康历史上的杰出人物之一，也是义乌乃至浙东地区杰出的历史人物之一，还是中国思想史上极富个性的思想家。四是陈亮具有坚韧不拔的"奋斗精神"。陈亮的一生颇多坎坷，仕途上一直

图9-2　龙川先生像

不顺，在乡间又屡屡遭人暗算，"祸患百罹，惊扰万状"，"奇穷祸患，何所不有"，纵然如此，他始终保持着崇高的品德和风范。无论面临何等困境，他始终坚信，只有坚强才能克服困难，走到成功的尽头。正如邓广铭先生所说，陈亮"是一个奇特强毅的英雄豪杰人物"。他倔强自立，奋斗不息，既然认定一个目标，就始终不弃。尽管他"涉历家难，穷愁困顿，伶仃孤苦，皆世人耳目之所未及尝者"，但他爱国统一的志向和经世济民之怀，以及关注"学问文章、政事术业"的信念始终坚定如初。

陈亮也设学讲读，他所创立的永康学派高足云集。桃李不言，下自成蹊。义乌是陈亮的第二故乡，究其一生，其活动区域大都在义乌。他少年时代在义乌求学，娶义乌首富何茂宏之女何淑真为妻，并常在义乌讲学。他与义乌何恪、喻良能、喻良弼、陈炳生活于同一年代。四人品行清高，均以文名于世，尤工于诗。他们志趣相投，交往甚密，被陈亮称为"乌伤四君子"，真可谓陈亮"周而不比"的代言人。"乌伤四君子"与陈亮的关系，最善数喻良弼，最亲数何恪。陈亮敬喻良能人品，重喻良弼人情；何恪、陈炳叹陈亮之才，重喻良能、喻良弼之义。他们之间的友情真诚而纯洁，日月可鉴，且有许多动人情节。

陈亮敬"乌伤四君子"的人品和文才，在《题喻季直文编》中除全面评述外，还提道：

> 四君子者尤工于诗，余病未能学也。然皆喜为余出，余亦能为之击节。余穷滋日甚，索居无赖，时一作念，顾茂恭之骨已冷，而三山（福建代称，此指良能）相

去睿千里，德先（陈炳）、季直（良弼）虽宿舂可从其游，而出门辄若有絷其足者，喻行之牧之，出季直旧文一编示余，耸然观之如得所未尝。

字里行间足见陈亮对"乌伤四君子"的感情。陈亮对何恪和喻良弼的文章情有独钟，认为他俩的文采可以等同媲美。陈亮是何恪的侄女婿，何恪认为陈亮才华横溢、敢作敢为，并向大哥说媒。陈亮敬重何恪的人品，更叹其文采。他说："茂恭死，其文益可贵重，而子弟亦珍惜之，欲求一字不可得。得吾季直之文，便如茂恭在日。"

陈亮的学生们不仅继承了陈亮的哲学思想，也继承了陈亮"周而不比"的门风。例如王自中（1140—1199），他学贯古今，不仅吸收了理学"内圣外王"的思想，也坚守着永康学派实用主义的根本。在信州知州任上，他用仁政的方式解决了税银积欠的问题。当时税收欠款已至三十万两，而王自中到任后反而放宽缴纳期限，不许官吏多取分毫。富民们被王自中的行为感动，争相付税，欠款问题得到了解决。朱熹主张"为政以德，则无为而天下归之，其象如此"，即有德行的官员不需要做什么，万民就会自觉地归附于他。王自中虽为陈亮门生，却也从朱熹的思想中汲取养分，将朱熹的主张变成实用的政策并身体力行。他的兼收并蓄证明了他深得陈亮真传。"周而不比"，此之谓也。

陈亮的女婿厉仲方（1159—1212）亦承袭了陈亮"周而不比"的箴言。厉仲方是一位文武全才，年少时曾向陈亮、叶适学习，后以文进武，成为一代将才。金人南下，厉仲方负责守御建康，他下令屯田种植桑麻，发明守城器械战车、九牛弩。城池因此固若金汤，金军大败而还。不仅如此，厉仲方还知人善任，他推荐田琳戍守合肥，从此朝廷不再忧心于合肥防务。在宋朝，大臣中主和派占据多数。若能享一时富贵，谁会甘冒风险收复失地以雪耻辱呢？然而，在朝堂众臣苟且偷生、沉溺荣华时，厉仲方会同韩侂胄力主出兵北伐，恢复大宋失地。只可惜在战争的关键时刻，朝中内奸吴曦叛归金国，僭称蜀王，致使北伐军后援不力而功败垂成。那些苟安的大臣们也趁机辱骂厉仲方穷兵黩武，致使他被贬邵州（今湖南省邵阳市），郁郁而终。厉仲方才兼文武，任用贤能，这是他继承陈亮之“周”；力排众议，不甘苟且是他继承陈亮之“不比”。即使在陈亮死后，“周而不比”的风骨也一直激荡在那些受其感召的士子们的内心。

陈亮的四子陈涣出生在义乌西门，其子孙在义乌绣湖一带繁衍生息。陈涣的儿子陈林是南宋进士，曾任都昌县令，原本在义乌绣湖建有陈林进士祠。陈亮的九世孙陈诚宇也有祠堂，载明陈道益的事迹，拾重金归还失主，县侯亲送“还金堂”牌匾。陈节孝也有祠堂，载有节妇陈介之妻刘氏的事迹，翁老五代同堂，百余人和睦相处，刘氏悉心呵护无差错。这三座祠堂是绣川陈氏的精神支柱，是孝文化的真实体现，是传承陈亮思想的基石。义乌西门绣川陈氏是陈亮后裔中规模最庞大的一支，有两万多人，分布于义乌境内七十多个村落。陈亮“周而不比”的思想精神和家风美德在这些地方得以传承。

崇祯十一年（1638），陈亮第十四世孙陈伦慈从义乌绣湖迁徙到九都溪源头的云头坞安家。清道光三年（1823），陈伦慈的八世孙陈佑朋出生，由于家境贫寒，他没念过几年私塾，从小就跟着父亲劈山种地做苦力。陈佑朋兢业勤劳，不怕吃苦，先以经营山货为生，后转为酿酒发家，还没到知天命之年，就成为九都溪的知名富翁，他的粮田耕地甚至延伸到二十里之外。丰收之年，租谷可收上千担。到了光绪末年，官场腐败，民不聊生，土匪和强盗时常出没，百姓苦不堪言。陈佑朋之子陈德潮有文化有涵养，思想开明。他启发父亲将济贫帮困、造桥修路作为主业。

《义乌绣川陈氏家谱》记载：

> 陈德潮先生者，其为人秉性也忠，持己也严，质而有文，正而不偏，治家严而正，待人和而直，勿贪鄙勿强求，任命听天，终身乐善，髦年不衰，于吾乡云溪之要隘建一桥名广济桥，长约七八丈，一洞贯穿，望之如长虹压波，势甚雄伟。旁建一庙曰禹王庙，复造一亭曰乐川亭，又东西砌路各五里，化险为夷。斯役也，累工数载，公必日临监督，数岁如一日，毫无倦容，且工程浩大。所费不赀，除捐募外，不敷之资倾家襄成之家中落不悔也。公之为人，人咸敬服，虽居避地，而附近数十里排难解纷之事则非公莫属。

广济桥建成后的十五年，即民国十一年（1922）的端午节，广济桥被一场洪水冲毁。乐川亭和大禹庙也因倒塌被拆除。尽管时代已经改变，但善德仍然受到高度重视。正当民族复兴之际，善德成为推进基层治理的重要因素。陈德潮之曾孙们以一颗坚定的心，提出恢复广济桥、乐川亭的建议，旨在增添美丽的乡村景观，并传播崇尚善良和尊崇道德的风气。随后，在政府和相关企业的合力推动下，陈亮研究会、理事会，村民、族人等各方力量齐心协力，乡贤解囊相助，公私齐襄盛事，经过三年的努力，于2019年春天完成工程。广济桥重建原址，乐川亭建于东塘和新建二村的交汇处。浙江省政协原副主席陈加元撰书楹联，著名书法家金鉴才先生书写匾额，全国政协文化文史和学习委员会原副主任、浙江省政协原主席周国富书写碑记。

　　陈亮"周而不比"的风骨，激励着中华后世子孙。他的思想也在鼓舞着浙江一代代的实干家。新华社用"四个敢"概括浙江精神：干部敢为，地方敢闯，企业敢干，群众敢首创。浙

图9-3　位于永康方岩的五峰书院，陈亮曾在此讲学（陈亮研究会　供图）

江人的勇敢，并非横冲直撞、刚愎自用，而是放眼世界、学习
百家后的勇于创新。无论是官员、企业家，还是群众，浙江人
都在践行着"周而不比"的准则。他们或许并未读过陈亮的作品，
但他们与陈亮出生在同一片土壤上，这片土壤以其特殊的气韵
孕育着代代英豪。在"周而不比"精神的鼓舞下，浙江成为中
国复兴之路的先锋，推动着历史的车轮滚滚向前。

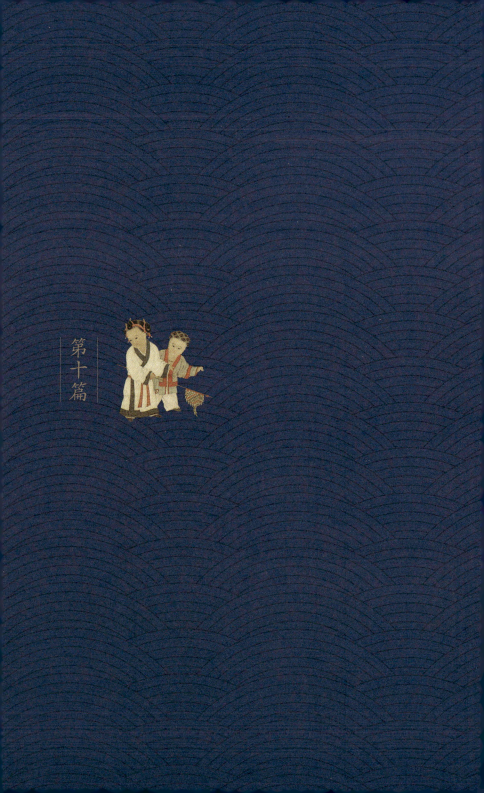

第十篇

叶适

务实而天地宽, 务虚则空无益

叶适（1150—1223），字正则，号水心居士，世称"水心先生"，以永嘉学派集大成者的身份为世人熟知，为南宋著名的思想家、文学家、政论家。他晚年深居永嘉水心村，一心著书，著有《水心文集》《水心别集》等。

在学术上，叶适反对空谈性命，提倡实事实功，尤其反对时为大势的程朱理学，将永嘉学派发展为与程朱理学、陆氏心学并列的"南宋三大学派"，其人亦被时人称为"一代文宗"；在政治上，叶适的仕途生涯历孝宗、光宗、宁宗三朝，历官太学博士、吏部侍郎等，一生最冒进之事莫过于策划并参与"绍熙内禅"，在光宗精神衰弱，朝廷动摇的危急之时，他果敢地助宁宗上位登基。此外，在金兵步步紧逼的形势下，叶适力主抗金，大有收复国土之志，然而在韩侂胄意欲发动开禧北伐时却公然上书反对，在宋军战败后心甘情愿为百姓建堡防护。

作为心系苍生的士大夫，叶适亦有着"书多前益智，文古后垂名。功到阔深处，天教勤苦成"的朴素希冀。然而，有别于南宋绝大多数士人的一点便是，在"本朝大儒皆出于世家"的大背景下，叶适是从寒门独立挺出的文人。或许正因如此，叶适虽有鸿鹄之志，却少了几分"长风破浪会有时，直挂云帆济沧海"的豪迈，更倾向于"纸上得来终觉浅，绝知此事要躬行"的实干。较之于虚无发散的空谈，切实关乎百姓的效用更受他青睐，体现在文章中便是语词之间不避锋芒，言辞恳切而不留情面。二十出头的叶适在临安游学时，便执笔写下《上西府书》劝谏时任西府长官的叶衡，直言当世"畏战无勇之俗"，只可惜这般敏锐的政治见解未受叶衡重视，叶适的希冀落空，表示自己将"收拾废放，将就陇亩"。

　　叶适超越年龄的才华让人赞叹，同时也使人愈发想探其根本——这求真务实的品性究竟从何而来？不必过多推敲，我们便可将这一特质追溯至叶适之"寒门"。

图10-1　温州博物馆的叶适塑像（叶伟东　供图）

俗语有言，龙生龙，凤生凤，老鼠的儿子会打洞。家庭不仅是我们泊靠的港湾，更是我们扬帆起航的出发点。父亲的步步引领，母亲的辛劳哺育，即便不期待我们有"虎啸山林成霸业，犬吠尘间继志豪"般的远大前程，也给予我们"慈母倚门情，游子行路苦"的柔情。自血缘而联结的家庭，是士人平步青云之起点。这一步如何行，往何方，正受家风的影响。如司马谈《命子迁》所言："且夫孝，始于事亲，中于事君，终于立身；扬名于后世，以显父母，此孝之大者。"司马迁铭之于心，终忍辱负重，写下"史家之绝唱，无韵之离骚"。

那么，是何等家风将叶适塑造成求真务实的大儒的呢？答案是"务实不务虚"。

一、"务实不务虚"之塑成

叶氏家贫，甚至可谓"大寒之门"。自叶适曾祖叶济从处州龙泉举家搬迁至瑞安，一直到叶适出生，家中"贫匮三世矣"如史书所载。

叶适的父亲叶光祖迁居永嘉，虽名为"光祖"，但似乎未能实现"光宗耀祖"的使命。他"性拓荦，志愿大，困于天地，不自振立"，以童子师为职养家糊口。叶适二十八岁高中进士，终于替父完成"光祖"之使命，父亲这才终得以不预人事，尽享山林之乐，忘乎生计之愁。

　　叶父志向远大且脚踏实地，给叶适留下了深刻的印象。叶适从小便懵懂地认知到，无论是志于青云之上，还是隐于山林之野，为人处世皆需从实处起，务虚无益。然而，真正将"务实不务虚"的家风传承给叶适的人，并非叶父，而是操持全家老小生活的叶母杜氏。杜氏为瑞安人，本家世为县吏，至杜母之父则不愿为吏，改种植于田间，享耕渔之乐，自此务农为生。其后虽家业渐衰，杜氏也从未抱怨。在恶劣的成长环境中，杜氏十几岁便"能当门户劳辱之事"，实为女中豪杰。早当家的经历使杜氏在拥有坚韧个性之外，更琢磨出"务实不务虚"的生存法则。杜氏嫁给叶光祖后，叶家的生活并未得到显著改善，甚至于两人成婚当年，永嘉遭遇罕见的连月大雨，酿成了洪水之灾。在洪流的冲击下，原本已经十分贫困的叶家陷入了更加困难的境地，"家徒四壁"成了现实。

　　困窘与贫穷笼罩着叶适的童年，频繁搬迁更是他永远难以忘怀的经历。在叶适的成长岁月里，叶家大大小小搬家足有二十余次，所居房屋，有些无路可行，仿佛大洋中的孤岛，有些则几乎是残垣断壁。然而，杜氏从未因此恼怒，只是坦然表示这是她跟随丈夫的选择。虽生活困苦，杜氏实非坐听天命之人。她性格坚韧，在自身可触及的有限空间内，尽力改善一家人的生活。当丈夫教书养家时，她便致力于细微的营生，捡拾被遗弃的麻线，编织精美的织物，并自叹道："这是我应做之事，不能让它白白浪费。"在困窘中，杜氏不纠结于虚无渺茫的空想，认为"我所做不到的事，这是天命使然"，因为她知道即使保有奢想，眼前的日子也仍需继续，"子不语怪力乱神"，不如重于实干。在杜氏看来，沉溺于对无法实现之事的空想和渴望实在于事无补，就像误入歧途的赌徒将翻身之望寄于小小骰子，这种不切实际的想法只为她所不齿。在杜氏的认知中，手中的麻线是真实的，换得的钱财是真实的，孩子的成长是真实的，这才是她应该追求的实际。于是，"务实不务虚"的家风便这样耳濡目染地渗入叶适的认知中。至于读书立人，杜氏也告诫叶适她没有余钱请老师教导叶适，叶适需自己努力；此外，人世间兴废成败，皆可归于天命。但一个人倘若不循义理，不讲道义，不能自立，则真真正正是万万不可的，她告诫叶适"汝勉之，善不可失也"。

叶父未尝不想遨游于天地，未尝不想实现鸿鹄之志，然妻于旁，幼伴侧，鸿鹄也安于乡野，不若务实，切忌空谈；杜氏也未尝没有埋怨，没有希冀，只是是非成败转头空，即使真为权贵，也不过"青山依旧在，几度夕阳红"罢了，不如务实，寄读书出仕之希望于孩子身上。在叶家夫妇"务实不务虚"理念的支撑下，两人苦心经营，操劳半生，叶家也终于"虽其穷如此，而犹得保为士人之家"。

据说在叶适高中榜眼前，叶母已病重许久，只凭着"吾虽忍死，无以见门户之成立"这一执念苦苦支撑。一日，她竟突然行走自如，痛苦全无，宛若常人，就在此时，叶适高中的消息传来，可谓喜上加喜。此般记叙虽不免有夸张之嫌，然而也无人愿意阻碍叶母实现"见门户之成立"的愿望。可惜半年后，叶母病痛复发，与世长辞。

家风虽源自父母的教导，然而真正将"务实不务虚"作为生活准则，还需来往之人相交、相助。那么，一探叶适求学问道之路便是必要之举。

在叶父和叶母的操劳下，叶家保为士人之家，然而叶父毕竟仅为童子师，叶适若想真正出人头地，仍需游学于外。时值永嘉一派学者郑伯熊、薛季宣、陈傅良一众在永嘉讲学，青年叶适得以求学于诸位大儒。

永嘉学派创立于北宋，今亦称"事功学派""功利学派"。学派所主张的"经世致用，义利并重"使得叶适将"务实不务虚"的家风扎根于心，家风与学术理念之契合更加坚定了叶适对家风的传承和发扬。

十九岁时，叶适孤身前往金华，拜时为婺州司理参军的薛季宣为师，两人保持书信往来直至四年后薛季宣过世。叶适与陈傅良则缘分更深，十四岁时，由于其父无力教导，加之母亲杜氏对其严格的要求，叶适孤身寄学于瑞安林元章家。林元章作为一介乡绅，不仅能聚财，也不吝于散财，斥资聘请陈傅良等一众文士前来讲学。乘着这阵东风，叶适得以与林元章二子同学，也借此结识陈傅良。在叶适高中为官后，也曾向朝廷推举陈傅良并使其得到善用。

永嘉一派大儒虽为叶适的学术导师，并且永嘉学派亦为叶适的最终归宿，但真正与叶适相伴长久的导师，并非永嘉一派之人，而是陈烨。陈烨著书甚工，却不示于人，只道是不想以辞藻之华丽与时人相争，其不争不抢、闲云野鹤一般淡然处世的态度为叶适晚年遭削官后淡然归乡著书埋下了伏笔。作为隐士，陈烨"非其耕不食，非其织不衣"，可谓自给自足的典范。

这种自立的态度也同样为叶适"务实不务虚"打下几锤重音。

　　总体而言，在人格塑造的成长期，叶适交游的大部分人皆为永嘉学派的学者，在多年交往中，永嘉学派对实践、实用的重视，以及义理与功利相结合的观念，都为叶适坚定"务实不务虚"的家风打下强心针，进一步巩固了他对家风的传承。

二、叶适的"务实不务虚"

　　究竟何谓"务实不务虚"呢？尽管我们已经探讨了叶适家庭的起源与他的成长历程，但"务实不务虚"的具体内涵仍有待探寻。"务实不务虚"中的"实"可解为"事功"与"义理"的结合，因此"务实"具有两层含义。其一为行实干之事，追求事功；其二为行正确之事，追求义理。实干之事，如同杜氏编织物件养家糊口，或如叶父脚踏实地地教书赚钱，这是为了实际利益而实施的有实际效用的措施；讲求义理的正确之事，如杜氏的教诲：以义理立人，不得为不善之事。从"实"的定义出发，便可理解"不务虚"的内涵，即不做无功利的虚无之事，也不做有违义理之事。"务实不务虚"的家风不仅是叶适仕途的理念指导，也是其学术理论的初始原点，更是其为人处世的根本原则。

1.学海无涯，需"务实不务虚"

作为永嘉学派的著名学者，叶适上承薛季宣、陈傅良的功利说，对朱熹唯心主义理学思想自然持反对和批评态度，与此同时，叶适也坦然地面对学术与政治之争，只务实，不畏权，可谓将"务实不务虚"的家风贯穿其学术生涯始终。

"务实不务虚"的家风影响了叶适的学术道路选择，并以此与主张客观唯心主义的程朱理学、主张主观唯心主义的心学相对立。出身寒门的叶适少了几分魏晋时期文人雅士清谈的意趣，既不被虚空的玄学吸引，也不为"理"行于先的理学打动，而是坚持一种朴素的唯物主义，其思想主张不难看出"务实不务虚"的家风痕迹。

图10-2 薛季宣、陈傅良、叶适铜像（叶伟东 供图）

叶适朴素的唯物主义思想从实处出发，较之宋明理学，可谓真正的"格物致知"。经过观察，叶适认定事物是不断运动变化的，即所谓的"常运而无息"；此外，他还提出事物内部矛盾普遍存在的观点，又基于一分为二的交错纷纭进一步提出"致中和"的观点，即"故中和者，所以养其诚也。中和足以养诚，诚足以为中庸"，这事实上就是从实际出发，对孔子中庸思想的发展。

对于宋代程朱理学大兴的"存天理、灭人欲"思想，叶适也从"务实不务虚"的家风出发，对此片面的观点提出了批评。在叶适看来，人性是天然赋予，情与欲皆为合理之"实"，是人人皆能体会的合乎义理之物，如同雨后春笋、夏日鸣蝉一般。此外，叶适又提出了对于"伪"的界定，认为所谓"人造"的行为规范、辞措礼仪等皆为"伪"，而发乎体内的天然欲望，求于体外的自然之情属于"实"。人情欲望皆自然，正如《大学》所言"夫内有肺腑肝胆，外有耳目手足，此独非物耶？"，可谓"君子不以须臾离物"。自古以来，士大夫虽提倡"不以物喜，不以己悲"，但作为活生生的个人，谁又能真正地做到不为外物或自身的跌宕起伏而感情波动呢？即使是范仲淹本人或许也无法真正释怀吧，更不用说柳宗元一类因贬斥而折损之士了。秉承"务实不务虚"的家风，叶适反对理学一派对天理、人欲极端的二分，直言此为"择义未精"。

作为永嘉学派的集大成者，叶适最为人津津乐道的思想自然是有悖于一般士大夫认知的事功学。事功学简单而言就是将义理与功利相结合，既不放弃义理，也不排斥功利。自古以来，文人士大夫皆提倡舍利求义，这不仅是士大夫的传统，也是士人品德高尚的象征。正如"鱼与熊掌"的寓言故事：

> 鱼，我所欲也；熊掌，亦我所欲也。二者不可得兼，舍鱼而取熊掌者也。生，亦我所欲也；义，亦我所欲也。二者不可得兼，舍生而取义者也。

在面临"生"与"义"之间的选择时，孟子毫不犹豫地教导大家"舍生而取义"。虽然孟子承认并非只有贤能之人才有超越于生的欲望，但他也表示只有贤能之人才能在生与义的选择中坚持义理。

后世文人相继探讨过这个问题，试图为义理找到一个合适的位置。在宋代的理学中，无论是陆九渊一派，还是朱熹一派，都将利与义置于对立面，仿佛双方互为洪水猛兽，其间不免有价值评判，即所谓士农工商，从士高于从商，士人求义，商人逐利，于是求义高于求利，所谓"仁人正谊不谋利，明道不计功"。然而，叶适对此观点进行了不留情面的批评，他在《水心文集》中写道：

> 仁人正谊不谋利，明道不计功。此语初看极好，细看全疏阔。古人以利与人，而不自居其功，故道义光明。后世儒者，行仲舒之论，既无功利，则道义者乃无用之虚语尔。

叶适直言跟从董仲舒之言而忽略功利行道义之人是在做无用功。作为一个坚持实际的人，叶适无法理解一些士大夫追求高高在上、脱离现实利益的道义思想。在他看来，这种脱离现实利益的道义理论不过空中楼阁，摇摇欲坠。

在叶适看来，功利与义理皆为"实"，舍利取义是无谓的，正如叶母之教导，行实干之事，追求功利；行正确之事，追求义理，功利并非需革除的弊病。对功利的追求是人的自然属性，就像没有人会真的厌弃钱财、地位、荣誉。子曰："贤哉，回也！一箪食，一瓢饮，在陋巷，人不堪其忧，回也不改其乐。贤哉！回也！"然而，颜回年纪轻轻便因营养不良而与世长辞，这令人唏嘘的悲剧实则为斥利的恶果。在程朱理学中，理学的义利观之扭曲有过之而无不及，叶适提出古代的圣人并不阻止普通人追求利益，即所谓"昔之圣人，未尝吝天下之利"，领导者之所以被大家跟随，是因为他能给大家带来利益。举个例子，跟随黄帝之人每天能吃三顿饭，跟随蚩尤之人每天只能吃两顿饭，那么不需细思，肚皮也会做出选择。逐利本身并不带来恶果，只有在人们的利益被减损时，逐利之人才会不得已而相争。说到底，如果逐利的道路宽广有利，人人富裕安康，谁又会为了一两银子争得头破血流呢？

义和利自古原是统一的，"君既养民，又教民，然后治民"，君民之间，利益既同，君民合利，君教民义，君治民义，可谓义利统一。然而，后世却将义利分开，理学更是走向极端，叶适一方面反对不顾功利空言义理，另一方面反对不顾一切仅逐利益。在他看来，再任此极端二分发展下去，在其影响下，财政全归小人，君子空谈义理，可谓国家发展之大忌，恐将酿成恶果。结合自身经历与实际调查，叶适秉承"务实不务虚"的家风，又保有"先天下之忧而忧，后天下之乐而乐"的士大夫追求。他皈依事功之学，将义利重新统一，以利万民。

虽然在学术上相争，但在朱熹被林栗无故弹劾时，叶适并未将学术思想的冲突掺入政治事宜，行落井下石一类小人之事，反而出言为朱熹辩护。此前，兵部侍郎林栗曾与朱熹探讨《易经》《西铭》，然而两人见解相左，最后不欢而散，这本应只是思想之争。然而林栗心胸狭隘，自此记恨朱熹，又因朱熹声望过人，弟子门生众多，林栗只觉妒火中烧，恨得牙痒。正值朱熹任兵部郎官时，由于脚上有疾，未及时就职。林栗作为兵部侍郎，便上书弹劾朱熹，不仅将其学术贬得一文不值，直言朱熹本身没什么学问，不过是剽窃了张载、程颐的学说，将此作为"道学"；更攻击其言行举止，说朱熹每次出门，所到之处，皆携带几十门生，好不威风，认为朱熹这是妄自比肩孔子、孟子，以索求高价；除以上外，还不忘攻击朱熹未及时就职，是为不敬，认为他的狡诈已显露无遗。虽说林栗之弹劾不免含有私人恩怨，至于皇帝都感慨"林栗的话似乎过分了"，然而对朱熹而言，也算是个不大不小的危机。

时任太常博士的叶适了解此事后，写下《辩兵部郎官朱元晦状》，怒斥林栗之讼无一言属实，对林栗所述的"罪状"进行逐一反驳。叶适提出"未及时就职，是为不敬"此罪不实，未及时就职的原因是朱熹患有脚疾；至于批判朱熹本无学问，可谓无稽之谈，叶适虽与朱熹在学术上观点不合，然而秉承"务实不务虚"之家风，叶适充分认可其学术成就，指出：假如朱熹真的没有学术成果，那人们何必景仰他呢？言外讽刺之意可想而知：你如此有学问，世人怎么不景仰你林栗呢？又进而解释，朱熹培养门生，并非为自身利害，而是"乃所以为人材计，为国家计也"，三言两语间将事实讨论清楚，即使林栗有心污蔑，也难以为继，反而落得被贬的结局。

在这篇状文中，最值得一提的是叶适对林栗弹劾朱熹"伪道学"这一观点进行了严厉反驳。叶适提出"谓之道学"一句所涉利害非朱熹一人，而事关所有忠臣士人——"利害所系，不独朱熹"。叶适认为自古以来，小人残害忠良，常以一些借口，如"道学"之由，或谓之求名，或谓之党羽，这不过是为了使洁身自好的士大夫不得进用罢了。只要其成功将士大夫的作品归于"道学"名下，那么，为善的提倡也成为其缺陷，好学更是个人过失，至此人才纷纷退却，士人争相堕入淤泥，以致政治黑暗，天下大乱。这字字有力的辩护，完全将两人的学术纠葛置于脑后，以一种不畏强权的姿态挺立于朝廷，学术上无门户之见，政治强权不可压于义理之上，可谓是对"务实不务虚"精神的发扬，行务实之事，坚持义理。

2. 政途跌宕，需"务实不务虚"

叶适一生主张抗金，与同乡的豪放派诗人陈亮为多年挚友，同为主战派，两人相辅相成，只可惜陈亮早逝，未能亲历开禧北伐。两人思想取向相似，皆与朱熹进行过论战。陈亮对叶适评价极高："叶正则俊明颖悟，其视天下事有迎刃而解之意。"
陈亮虽然认为彼时叶适火候未到，但也承认"此君更过六七年，
诚难与敌，但未知于伯恭如何耳"。陈亮长叶适七岁，此般赞
叹可谓毫无保留。在陈亮去世后，叶适写下《陈同甫抱膝斋》（二
首）以寄哀思，诗句情感激昂悲伤。

> ……功虽怒岁晚，誉已塞区间。今人但抱膝，流
> 俗忌长欢。儒书所不传，群士欲焚删。讥诃致囚棰，
> 一饭不得安。珠玉无先容，松柏有后艰……

然而逝者不可追，叶适也只得"徘徊重徘徊。夜雪埋前山"。
在初入仕途时，叶适便直截了当地上书宋孝宗，说作为臣
子，他能为陛下提出的建议只有北上抗金，收复国土。叶适提
出，在如今"二陵之仇未报，故疆之半未复"的窘境之下，主
和派仍道"乘其机，待其时"。这种和稀泥一般"不是不攻打，
只是时机未到"的说法在叶适看来是不能被理解的。在他看来，
时势也好，机会也罢，皆可自己创造。自此始，行实干之事，
富国强兵，难道不能算作机会吗？南宋渐强，势头直逼金国，
难道不是时势吗？叶适一针见血地总结，未能北上收复，根本
不是这件事本身困难，而是朝廷认为自己不可，于是屈居于南
宋狭小的疆土，偏安一隅。这篇上书可谓字字珠玑，句句见血，
以至于宋孝宗一时竟无法阅读完毕，紧皱眉头，几日不展，再
打开时，满面愁容，面色惨淡。只可惜，宋孝宗虽看似为叶适
所打动，却也只愀然几日，再无下文。

　　尽管宋孝宗不为所动，但叶适仍坚定地投身于抗金事业之中。秉承"务实不务虚"的家风，叶适深谙抗金并非冒进之事，正如早年他虽反对一味"乘其机，待其时"，但也十分清楚创造机会并非一蹴而就之事，于是为官期间，他提出诸多可落于实处的谏议，如对于南宋面临的四大难题——南宋当朝国家大计之难、谋议之难、人才之难及法度之难，以及冗兵和冗费等"五不可"，他进行了深入的分析和判断。他多次劝导皇帝，希望皇帝明晰利害，断决是非。然而，虽有其心，抗金之路却并不顺利。开禧年间，韩侂胄主持北伐，而叶适作为主战派的一员，公然上书反对此举，尽管主战派在当时受到广泛支持。

　　至此，我们不得不先提及韩侂胄与叶适的往昔纠葛。宋光宗朝末，光宗已因泼辣强势的皇后而精神衰弱，难以支撑朝廷，以致不为先皇孝宗执丧。在宰相留正也离开后，宫中人心惶惶。正于此时，叶适与赵汝愚共议，决定推时为嘉王的宁宗上位，于是联合外戚韩侂胄，成功完成了历史上著名的"绍熙内禅"。只可惜事成后，赵汝愚未满足韩侂胄对权力的要求，事实上秉承"务实不务虚"的叶适在此时也劝导过赵汝愚，韩侂胄所希冀的，不过节度使罢了，不如应允他，免生后患。赵汝愚不听，叶适不禁感叹"祸患从此开始了"，于是力求外调，以免被牵连，怎料一语成谶，叶适仍受到了连带，官职连降两级。

　　回到开禧年间，在韩侂胄成功将赵汝愚斗走后，有人劝其"立盖世功以固位"，韩侂胄对此深以为然，在听闻金主完颜璟沉湎酒色、朝政荒疏、内讧迭起等情形后，秉着对功名的渴望，决定发动北伐。虽事发突然，但也得到了偏安一隅许久日感憋屈的宋宁宗之支持，更有辛弃疾等主战派官员的积极响应。因此，即使韩、叶两人早有嫌隙，韩侂胄亦欲起用叶适，命其草拟诏书以振动朝廷内外，然而叶适坚持称病不兼此职。

在一片主战派呼声高涨的背景下，叶适秉持"务实不务虚"的家风，告诫自己从实处着手，不可急功冒进。他深入观察民情和国情，在一派主战派的回声中，发出了不和谐的音调——坚定地上书反对开禧北伐。叶适并不反对北伐，但从"务实"出发，他看不到此次北伐成功的可能性，也就是说，叶适虽提出机会、时势可自行创造，但此时的境况明显不具备北伐成功的条件。在上书中，叶适先是肯定"甘弱而幸安者衰，改弱而就强者兴"，表达了对改变弱小现状、希冀强大的支持，但同时也恳切地指出在北伐前应明晰强弱之势，察明国情后才能定论。他提出此时不应贸然北伐，而应专注于提升政绩，实行善政德行，只有这样才能实现改善弱小状态、追求强大国家的目标。"务实不务虚"的家风使叶适敏锐地察觉到南宋与金之间显著的实力差异，这并非虚无的义理或所谓时运可弥补的，唯有做出实际政效，如兴修水利、建造堡垒、减税减租等，切实地惠利百姓，才能有望积极应对战争。

只可惜忠言终究逆耳，韩侂胄既没有听从叶适的建议，也没有采取叶适妥协后提出的先防守长江的策略，只一意孤行，企图建功享名。直到开战后，宋军节节败退，韩侂胄才在惊慌中任叶适为沿江制置使，叶适也主动请缨，指挥江北诸州。只可惜，这一承担历史责任的义无反顾之举也最终葬送了他的仕途。

叶适在指挥江北诸州时有勇有谋。一日，金国骑兵似要渡水，沿江百姓在惊慌中计划出逃。为了安定民心，叶适没有像普通士大夫一般仅出言告示或是做一些聊胜于无的补贴，而是真正的"务实"。他考虑到劫寨为南方人所长，便招募城中强悍少年与士兵共两百人，于夜间奇袭金兵，出其不意，攻其不备；又命石跋、定山之人劫掠敌营，步步斥退金兵，换得安宁。此外，为了让百姓能够自发合作地抵御金兵，叶适修建了石跋、定山、瓜步三座堡垒以屏蔽采石、靖安等地。在堡垒的帮助下，宋军有了取胜的可能性。可以说，在抗金的过程中，叶适真正地贯彻了"务实不务虚"的家风。只可惜，三座堡垒建成不久，韩侂胄被杀，叶适也因被指控"附韩用兵"而被剥夺了官职。至此，叶适退出政治舞台，其后居于永嘉，潜心学术。

三、"务实不务虚"之后世传承

北伐失败遭削官后，叶适退居永嘉水心村，兜兜转转似乎最终实现了其早年"收拾废放，将就陇亩"的夙愿，经过多年潜心治学，终成永嘉学派的集大成者。支撑其一心报国、抗金利民的"务实不务虚"家风也幸未随其生命的枯竭而消失殆尽，而是随着《水心先生文集》《水心先生别集》等著作一代一代继承和流传。

与叶适相濡以沫、相守一生的夫人高氏也极大地助力了他

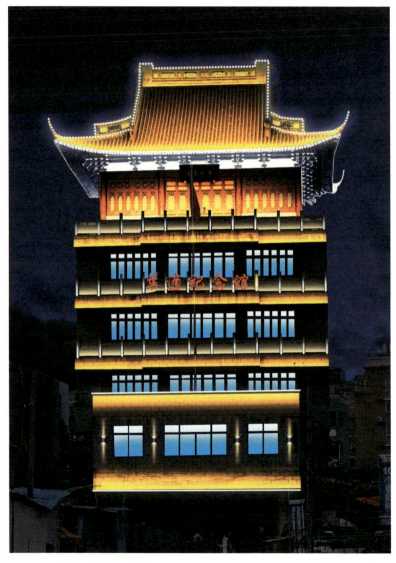

图10-3 叶适纪念馆（叶伟东 供图）

对家风的传承。高氏是"门贵家贫"的典型代表，祖上可溯于宋英宗宣仁圣烈后。高家世代为宋之勋臣，只可惜宣仁高氏在以太皇太后的身份改王安石新法，促"元祐更化"后，遭蔡京打击报复，高家家道中落。南渡时，高家跟随皇室仓皇奔逃，宋帝尚且自顾不暇，何况是已受贬斥的高氏。逃至瑞安后，高家家主去世，徒留尚年幼的高父高子莫（叶适的岳父）于人世。后高子莫自立发奋，娶妻生女，却也囿于鄞州京山任县尉的县职，夫妇异地相隔，于是无独有偶，叶母"生十余年，怎能当其门户劳辱之事"，高夫人也以一己之力教导二女。高夫人博学多才，日常的织布炊饭更是亲力亲为，即使身处贫穷之家，也仍保持着礼节，绝不自贱自轻，所谓"相夫子之贫而不废礼节，成夫子之廉而不失义"。这般门风正与叶家虽然贫穷仍保得为士人之家如出一辙，于是结为姻亲。也正因在此环境下培育的夫人高氏，才使得叶适得以于"士"之途坦行，秉立"务实不务虚"的家风，而不折损。

明末清初，国势危急，为救国扶正，经世致用之学大兴，大批文人从永嘉学派言论中探寻出路，成为叶适"务实不务虚"思想的后继者。以黄宗羲为例，他对叶适的"务实"思想大加赞赏，认为叶适意在废除"后儒之浮论"，所思所行，皆立于实处。提出"保天下者，匹夫之贱，与有责焉耳"的著名启蒙思想家顾炎武深受叶适事功学影响的同时，继承和发展了其"务实不务虚"的思想。顾炎武同样反对空谈心性的宋明理学，认为宋明理学一派过去空谈老庄，今日空谈孔孟，对典籍不翻不读，对当代的实际事务不考不察，其探究心性的空话怎能替代修身治人的实学呢？此处可见顾炎武对"实"之重视。此外，顾炎武在所谓"采铜于山"的《日知录》中创造性地提出了"势"的概念，并表达了"物来而顺应"的思想主张。所谓"势"，其实就是实际情况，抑或是当下的发展态势，若以更通俗、现代的说法来表达，便是"一切从实际出发，实事求是"。这不仅是对叶适"务实"之风的继承发展，更是超前于时代的一股强劲的启蒙之音。于是，秉承着叶适"务实不务虚"的理念，顾炎武一转清一代学风，革除宋明理学虚妄疏空的弊病，可谓"开清代朴学之风"。在重"实"的同时，顾炎武从国情出发，形成了朴素的民族主义思想，倡导"国家兴亡，匹夫有责"。

除却显著的后继人才外，叶适"务实不务虚"的思想传统更与地方精神相连，"务实不务虚"的教诲伴随着一代代温州商人行于商路。一代代温州商人不仅讲求实干，也讲求义理，更精通变化；一代代温州商人吃苦耐劳，不等不靠，做实干之事；一代代温州商人敢做敢闯，乘风破浪，有着异于常人的开拓精神，自觉地秉承"务实不务虚"的理念，在国内外拼搏，打响"温商"的名号。此外，"务实不务虚"精神更在晚清复苏，在中西文化的碰撞下，兼容并蓄，对温州知识分子而言，复兴提倡"务实不务虚"的永嘉之学不仅是扶正之道，更是对振兴区域文化的一种努力。

倘若将目光再放得更远一些，我们不难发现浙江精神中也有对叶适"务实不务虚"之风的传承和发扬。早在 2000 年，浙江便提炼出十六字的浙江精神：自强不息、坚韧不拔、勇于创新、讲求实效。其中"勇于创新、讲求实效"是对叶适"务实不务虚"

的继承。正因为"务实不务虚"，才敢在实践中顺应事物之变而变通；正因为"务实不务虚"，才将义理与利益并重，讲求实际效用。经过千百年的发展，叶适"务实不务虚"的家风如同春雨般"润物细无声"地渗入浙江这片土地，成为一代代浙江人民内心的标尺，并自觉地以此为行事准则。"务实"便是行实干之事，追求利益不为耻；行正确之事，讲求义理人人迎。新时代的浙江人民更要继承和发扬"务实不务虚"的精神，助力浙江真正走在前列，勇立潮头！

参考文献

［1］薛居正，等.旧五代史［M］.北京：中华书局，1976.

［2］吴任臣.十国春秋［M］.北京：中华书局，2010.

［3］诸葛忆兵.范仲淹传［M］.北京：中华书局，2012.

［4］鲍坚.庙堂之忧：范仲淹与庆历新政及北宋政局［M］.成都：天地出版社，2020.

［5］牟永生.范仲淹忧患意识研究［M］.南京：南京大学出版社，2014.

［6］曾枣庄.苏轼论集［M］.成都：巴蜀书社，2018.

［7］王洁.明太祖与江南义门的互动模式探究——以浦江义门郑氏家族为个案研究［J］.黑河学院学报，2023，14（5）：166-169.

［8］施贤明.义门郑氏的礼法实践及其当代启示［J］.廉政文化研究，2018，9（6）：85-90.

［9］夏令伟.南宋四明史氏家族研究［M］.北京：科学出版社，2018.

［10］戴仁柱.丞相世家：南宋四明史氏家族研究［M］.刘广丰，惠冬，译.北京：中华书局，2014.

［11］王十朋.王十朋全集［M］.上海：上海古籍出版社，1998.

［12］潘猛补.王十朋家风与家学［C］// 项宏志.王十朋诞辰九百周年全国学术研讨会论文集.北京：线装书局，2012：316-319.

［13］何伟，史献浩 . 王十朋《家政集》成书过程及其治家思想述论 [J]. 浙江工贸职业技术学院学报，2018，18（1）：80-84.

［14］靳国君 . 陆游：铁马冰河入梦来 [M]. 哈尔滨：北方文艺出版社，2019.

［15］陆游 . 陆游诗选 [M]. 游国恩，李易，选注 . 北京：人民文学出版社，1997.

［16］朱东润 . 陆游传 [M]. 太原：山西人民出版社，2018.

［17］罗莹 . 论东莱吕氏家族的家教与家风 [J]. 殷都学刊，2009，30（3）：49-53，73.

［18］姚红 . 宋代东莱吕氏家族及其文献考论 [D]. 杭州：浙江大学，2009.

［19］卢敦基 . 人龙文虎：陈亮传 [M]. 杭州：浙江人民出版社，2021.

［20］陈亮 . 陈亮集 [M]. 邓广铭，点校 . 石家庄：河北教育出版社，2003.

［21］邓广铭 . 陈龙川传 [M]. 北京：生活·读书·新知三联书店，2007.

［22］张义德 . 叶适评传 [M]. 南京：南京大学出版社，1994.

后　记

写一本研究宋代名人家风的书，并非苦于材料太少，而是材料太多。前人已对这些宋代名人进行了广泛的讨论。无论是学术造诣还是文笔水平，笔者恐怕都很难赶上他们。

家风研究需要走进家庭，是一个私域的文化议题。在漫长的时光中，在庄严的朝堂之外，这些如雷贯耳的当朝大儒、官员或诗人是如何扮演父亲或者祖父的角色的呢？他们怎样看待教育？在为人处世方面，他们认为最重要的是什么？或许在这些问题上，仍有一丝趣味和新意值得我们探寻。

史学家陈寅恪说："华夏民族之文化，历数千载之演进，造极于赵宋之世。"宋代是一个"郁郁乎文哉"的时代，华裔学者刘子健认为："此后中国近八百年来的文化，是以南宋文化为模式，以江浙一带为重点，形成了更加富有中国气派、中国风格的文化。"

而这本书，立意之初，便立足之江大地而向外跃步，与千年前的宋韵之风紧密相连。它不仅是一次学术研究，更可以说是一场跨越千载的心灵对话。

随着中华民族复兴进程的加速推进，工业化、城市化带来了家庭结构的巨大变化。传统的四世同堂、举族共居等物理空间形态被打破。同时，社会分工的专业化程度提高，人们的社交结构也发生了巨大改变，个人的社会支持系统从传统的家族、同乡，转移到同事、同行和同学等职业共同体。在此背景下，对十位宋代名人及其家族的研究和解读，不仅是一次学术探讨，更是一次机会，让我们倾听遥远宋人的生活故事，清晰地窥见前人留下的真正有价值的东西。

沿着时间的河流向前追寻，名人家风的内核各有侧重，但共同拥有的强烈济世情怀却如此鲜明、如此一致。我们看到范仲淹在泰州治水时，当地百姓甚至改姓范以示敬意；王十朋离开泉州时，众人为了不让他走，挖断桥梁；陈亮六次上书皇帝，陈述国策，即使不被纳用，也从不气馁……对他们来说，家风不仅是让自家子弟独善其身，更是兼济天下之心法。这或许正是他们的家风在历史中屹立不倒的原因所在。

以古为鉴，宋代名人家风可以看作一个参照系，解读它的同时，也是在观照当下、推陈出新。令人欣喜的是，这本书中绝大多数名人家风的精神核心都没有过时，依然在千年后的同一片土地上传承、生长，依然是那么熠熠生辉、烛照人心。

在这本书的研究和写作过程中，《家传》编辑部作者高璐洁、区晓颖、陈梦洁、余明月、雷婷婷、张子音、韩馨儿、潘登、常丹等为最终完成书稿提供了大量的素材，并付出了辛勤的努力，谨以短短的文字，向他们表达感谢。

"却顾所来径，苍苍横翠微。"在新时代，传承和创新家风、家训、家规是现代人面临的一道必答题，这本书中或许会有一些答案。

陈荣高　朱子一
2023 年 9 月

图书在版编目（CIP）数据

宋人家风传承 / 陈荣高，朱子一著 . -- 杭州 : 浙江工商大学出版社, 2024.7. --（宋韵文化丛书 / 胡坚主编）. -- ISBN 978-7-5178-6065-5

Ⅰ. B823.1

中国国家版本馆 CIP 数据核字第 20242Y5D47 号

宋人家风传承

SONGREN JIAFENG CHUANCHENG

陈荣高　朱子一　著

出 品 人	郑英龙
策划编辑	沈　娴
责任编辑	费一琛
责任校对	李远东
封面设计	观止堂_未氓
责任印制	包建辉
出版发行	浙江工商大学出版社
	（杭州市教工路 198 号　邮政编码 310012）
	（E-mail : zjgsupress@163.com）
	（网址 : http://www.zjgsupress.com）
	电话 : 0571-88904980,88831806（传真）
排　　版	浙江大千时代文化传媒有限公司
印　　刷	浙江海虹彩色印务有限公司
开　　本	880 mm × 1230 mm　1/32
印　　张	8.375
字　　数	173 千
版 印 次	2024 年 7 月第 1 版　2024 年 7 月第 1 次印刷
书　　号	ISBN 978-7-5178-6065-5
定　　价	78.00 元